烹饪工艺与营养专业理论—实践一体化教程

烹调原料加工技法

王晓强　陈景震　马庆文◎主编

PENGTIAOYUANLIAO JIAGONG JIFA

中国财富出版社

图书在版编目(CIP)数据

烹调原料加工技法 / 王晓强,陈景震,马庆文主编. —北京:中国财富出版社,2015.7
(烹饪工艺与营养专业理论—实践一体化教程)
ISBN 978-7-5047-5759-3

Ⅰ.①烹… Ⅱ.①王… ②陈… ③马… Ⅲ.①烹饪—原料—加工—教材 Ⅳ.①TS972.111

中国版本图书馆 CIP 数据核字(2015)第 137873 号

策划编辑 寇俊玲 责任编辑 齐惠民 谷秀莉
责任印制 何崇杭 责任校对 饶莉莉 责任发行 敬 东

出版发行 中国财富出版社
社 址 北京市丰台区南四环西路 188 号 5 区 20 楼 邮政编码 100070
电 话 010-52227568(发行部) 010-52227588 转 307(总编室)
010-68589540(读者服务部) 010-52227588 转 305(质检部)
网 址 http://www.cfpress.com.cn
经 销 新华书店
印 刷 北京京都六环印刷厂
书 号 ISBN 978-7-5047-5759-3/TS·0087
开 本 787mm×1092mm 1/16 版 次 2015 年 7 月第 1 版
印 张 9.25 印 次 2015 年 7 月第 1 次印刷
字 数 203 千字 定 价 36.00 元

前　言

烹调原料加工技法是烹调师、餐饮服务管理人员、采购人员、仓储管理人员必须掌握和了解的一门专业知识，也是大专、本科院校相关专业的必修课，适用于酒店管理、烹饪工艺、营养保健等专业。中式烹饪讲究选料、用料，一位优秀的烹调师要求能根据菜点选择适当的原料，能用同一种原料烹调出风味各异的菜点，这就要求烹调师对原料品质、用途、风味、加工方法烂熟于心，这样才能扬长避短，既使原料物尽其用，又能因材施艺，制作出美味佳肴。

《烹调原料加工技法》一书是由广东南华工商学院旅游与酒店管理系王晓强老师、广州白云工商高级技工学校旅游与酒店管理系陈景震老师执笔，在广东地区多家酒店协助下共同完成的。广东南华工商学院旅游与酒店管理系是烹调师的摇篮，其酒店专业是省级名优专业，走出过多位全国知名的“粤菜名师”。陈景震老师和王晓强老师都有丰富的餐饮从业经验，陈景震老师曾获“粤菜名师”、“广东省技术能手”称号，王晓强老师曾获“广东烹饪名师”称号。为确保资料的准确性，书中原料加工相关内容均由陈景震老师亲手制作、拍照、整理完成，是不可多得的专业资料。

《烹调原料加工技法》一书实用性、操作性比较强，系统总结了近年来烹饪教学和校企合作过程中的经验体会和成果，对烹饪原料加工技术由浅入深、全面系统地进行分析讲解，对重点内容配备了丰富的图片资料，直观易懂。本书还是精品课程配套教材，配套资源比较丰富，既能满足初学者求知的需求，也能满足广大专业人员探索、求新的需要。本书既可作为高职、本科学校的教材，应用于教学，也可作为专业人员的参考书籍，长期保存。

在写作过程中，广州市多家酒店和业内专家为本书提供了大量的技术资料、制作原料和场地，在此表示衷心的感谢！

由于学识和时间的限制，书中一定会有不少缺点甚至错误，衷心希望得到专家、读者的批评指正。

编　者

2015 年 4 月

第一章　烹饪原料基础知识 …… 1
第一节　常用烹饪原料的分类 …… 1
第二节　烹饪原料的选择与鉴别 …… 3
第三节　烹饪原料的储存与保鲜 …… 4

第二章　刀工的基础知识 …… 8
第一节　刀工的作用 …… 8
第二节　刀具的种类、使用及保养 …… 10
第三节　刀法 …… 13

第三章　蔬菜原料加工 …… 24
第一节　叶菜类原料加工 …… 24
第二节　根茎菜类原料加工 …… 33
第三节　花果类原料加工 …… 49
第四节　菇菌类原料加工 …… 66

第四章　禽类原料加工 …… 75
第一节　家禽初步加工方法 …… 75
第二节　鸡肉加工 …… 77
第三节　鸭肉加工 …… 80

第五章　畜类原料加工 …… 85
第一节　畜类原料初步加工 …… 85
第二节　猪肉类原料加工 …… 86
第三节　牛肉类原料加工 …… 95
第四节　羊肉类原料加工 …… 102

目录

contents

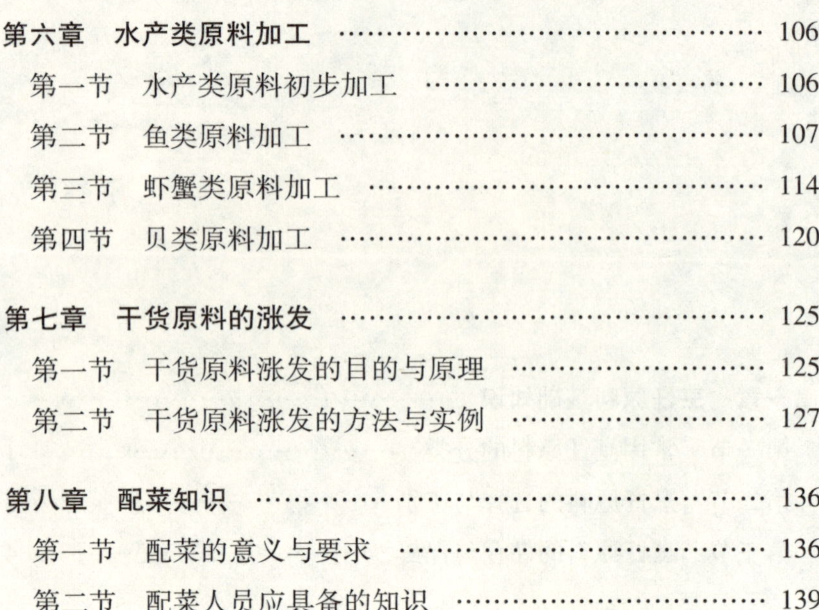

第六章　水产类原料加工 …… 106

第一节　水产类原料初步加工 …… 106

第二节　鱼类原料加工 …… 107

第三节　虾蟹类原料加工 …… 114

第四节　贝类原料加工 …… 120

第七章　干货原料的涨发 …… 125

第一节　干货原料涨发的目的与原理 …… 125

第二节　干货原料涨发的方法与实例 …… 127

第八章　配菜知识 …… 136

第一节　配菜的意义与要求 …… 136

第二节　配菜人员应具备的知识 …… 139

第一章　烹饪原料基础知识

第一节　常用烹饪原料的分类

烹饪原料是指用以烹饪加工制作各种菜点的原材料。其要求是无毒、无害、有营养价值，可以饱腹。中式烹饪原料的特点：取材广泛、种类繁多、品质优良。

对于种类众多的烹饪原料，初学者往往无从下手，从烹饪原料选取到初加工，从烹饪原料保存到烹调，都毫无头绪。为了工作的实际需要，我们常按烹饪原料的性质及相关特征，选择恰当的标准和依据，将各种各样的烹饪原料品种加以系统和分门归类，这个过程称为烹饪原料的分类。烹饪原料分类的目的主要有以下几点。

（1）有助于使烹饪原料知识的学科体系更加科学化、系统化。

（2）有助于全面深入地认识烹饪原料的性质和特点。

（3）有助于科学合理地利用烹饪原料。

烹饪原料的分类方法如下。

一、国内采取的一些分类方法

1. 按原料的性质分类

植物性原料、动物性原料、矿物性原料、人工合成原料。

植物性原料

动物性原料

矿物性原料

人工合成原料

2. 按加工与否分类

鲜活原料、干货原料、复制品原料。

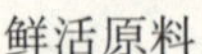
鲜活原料

干货原料

复制品原料

3. 按烹饪作用分类

主料、辅料和调料（下面以清蒸鲩鱼为例）。

主料

辅料

调料

4. 按原料的商品种类分类

谷物、蔬菜、果品、肉类及肉制品、蛋品、水产品、乳品、干货制品。

谷物

蔬菜

果品

肉类

肉制品

蛋品

水产品

乳品

干货制品

在国内酒店厨房中，以上几种分类方法都有运用。

二、国外采用的按营养成分分类的方法

（1）热量素食品，又称黄色食品，主要含糖类。

（2）构成素食品，又称红色食品，主要含蛋白质。

（3）保全素食品，又称绿色食品，主要含维生素和叶绿素。

黄色食品　　红色食品　　绿色食品

第二节　烹饪原料的选择与鉴别

一、烹饪原料的选择

1. 选料的意义

（1）使原料在烹饪中得到合理使用，有效地发挥其使用价值和食用价值。

（2）为菜点制作提供合适的原料，保证基本质量。

（3）促进烹饪技术的全面发展和逐步完善，使食品制作更具科学性、合理性。

2. 选料的原则

（1）必须按照菜肴产品营养价值与卫生的基本要求选择原料。

（2）必须按照菜肴产品不同的质量选择原料。

（3）必须按照原料本身的性质和特点选择原料。

二、烹饪原料品质鉴定的意义

烹饪原料品质鉴定就是运用一定的检验手段和方法，对烹饪原料进行质量优劣的鉴定。烹饪原料品质鉴定的意义主要有以下两点。

（1）中式烹饪讲究选料，要根据菜点的要求选择适当的原料。由于同一种原料可以烹调出多种菜点，每一种菜点的风味、特点都会有差异，只有对原料进行品质鉴定，才能优胜劣汰地选用优质、适合的原料，以保证菜点质量。

（2）通过对烹饪原料的品质鉴定，可以根据原料的品质情况，扬长避短，使原料既能物尽其用，又能因材施艺。

三、烹饪原料品质鉴定的依据和标准

1. 原料的固有品质

包括原料的营养价值、质地、味感等。

2. 原料的纯度和成熟度

纯度越高品质越好，成熟度要恰到好处。

3. 原料的新鲜度

例如，形态的变化、色泽的变化、水分的变化、重量的变化、质地的变化、气味的变化、原料的清洁卫生等。

四、烹饪原料品质鉴定的方法

1. 理化鉴定

包括理化检验和生物检验两个方面。

（1）理化检验是利用专门的仪器、机械、化学药剂对原料进行鉴定。

优点：能精确地分析出食物的成分和性质，对原料的品质做出准确的鉴定，还能查明原料变质的原因。

（2）生物检验主要是用小动物做试验，另外还可用显微镜对原料进行微生物检验。

优点：可以鉴定原料的污染程度，是否存在细菌、寄生虫等方面的情况。

以上两种方法都需要具备一定的场所和设备及专门人才，一般由国家设立的专门检测机构担任。

2. 感官鉴定

感官鉴定就是检验者用自己的感觉器官，如视觉、嗅觉、味觉、听觉、触觉对烹饪原料进行鉴定，分为视觉鉴定、嗅觉鉴定、触觉鉴定、味觉鉴定、听觉鉴定。上述方法主要鉴定原料的形态、色泽、外表结构、气味、滋味、弹性、韧性、硬度等方面的情况。感官鉴定是最简便易行、实用、有效的检验方法。

第三节　烹饪原料的储存与保鲜

一、烹饪原料在储存保管过程中的质量变化和影响因素

1. 原料的自身因素（内因）

植物性原料因自身新陈代谢作用会导致原料滋味变淡，同时又由于自身热量产生和积累会加速原料的腐败变质，另外，新鲜蔬菜、水果等由于温度、湿度等因素产生的后熟作用容易引起腐败变质。

动物性原料因自身的组织分解酶及动物自身的尸僵、自溶、腐败作用，对原料也会产生一定的影响。

尸僵作用：畜禽鱼类等动物性原料死亡后会发生动物体僵直失去弹性的现象。

成熟作用：畜禽鱼类等动物性原料尸僵后变得柔软、恢复弹性的现象。

自溶作用：畜禽鱼类等动物性原料由于自溶酶继续分解有机物质，使肉品柔软失去弹性、肉品外面湿润黏滑、肉品组织松散的现象。

腐败作用：畜禽鱼类等动物性原料中的蛋白质经微生物分解而引起的变化。

2. 外在因素（外因）

（1）物理因素。包括温度、湿度、光线、空气等。

①温度。它是引起原料变质的重要因素。过低会使某些原料冻坏、变软、脱水；过高可以加速微生物的繁殖、生长，还可引起水分蒸发，引起干枯变质。

②湿度。过低会使原料水分蒸发以至干枯，品质下降，尤其对鲜活原料影响更大；过高亦容易使原料变质，特别是对干货原料来说。

③光线。光线会加速原料的变化。例如，油脂受日光照射会使油脂中的不饱和脂肪酸吸收紫外线引起反应，容易产生酸败。

（2）化学因素。主要指一些化学物质对原料的污染。例如，原料盛装器皿混有铅、铜、锌等金属元素时就容易对原料产生污染。

（3）生物因素。主要指微生物和昆虫的影响，其中以微生物危害最大。微生物的影响，主要是由霉菌、细菌和酵母菌引起。在适当的温度、湿度、酸碱度的情况下，微生物活性强，各种微生物在20℃～30℃的潮湿环境中和适当的酸碱度中（如 $pH > 4.5$ 时，适合细菌生长，$pH < 4.5$ 时，适合于霉菌和酵母菌生长）会较快地繁殖成长，从而使原料发生变质。

新鲜蔬菜、果品、干货原料及粮食等都可能被虫类侵害，使外观受影响、质量降低，严重时则完全不能食用。

二、烹饪原料的常用保管方法

1. 低温保藏法

（1）概念：低温保存法就是采用冷冻或冷藏的方法保管原料，这是最常用、最普遍的保藏方法。

（2）原理：利用低温来抑制微生物和酶的活动，以达到延缓原料变质的目的。

根据保管时温度的高低，低温保藏可分为冷藏和冷冻两类。

冷藏是指将原料置于0℃～10℃尚不能结冰的环境中保藏。主要适合于蔬菜、水果、鲜蛋、牛奶等原料。

冷冻又称结冰保藏，是将原料置于冰点以下的低温中，使原料中大部分冷结成冰后再以0℃以下的低温进行储存保藏。适用于肉类、禽类、鱼类的保藏。冷冻的方法可分为缓慢冷冻和快速冷冻两种方法。

①快速冷冻：细胞膜受损失极少，解冻后水分仍保留在细胞组织内，营养成分损

失少；能较好地保持原料的质量；设备条件要求高。

②缓慢冷冻：在冷冻过程中细胞发生变形或破裂，解冻后原料持水能力下降，营养成分损失较多；原料质量有所下降；设备条件要求不高。

2. 高温灭菌保藏法

（1）概念：高温灭菌保藏法是将原料进行高温加热来保藏原料的方法。

（2）原理：利用高温杀灭原料中的微生物和破坏原料本身的各种酶，使原料便于保藏。

如果要长期保藏，还必须结合密封、真空包装等方法。

3. 脱水保藏法（干燥保藏法）

（1）概念：通过日晒、烘干、吹干等方法将原料中水分降低至适当程度从而达到保藏原料的目的的保藏方法。

（2）原理：原料中的水分降低到微生物繁殖所必需含量以下，则酶和微生物不宜活动，以达到保藏原料的目的。

这种方法在饮食业中主要是用于保管干货原料，在厨房不宜大量使用。

4. 密封保藏法

（1）概念：将原料用真空包装等使之与空气隔绝等方法进行储藏的方法。

（2）原理：将原料严密封存在容器内，使其与空气隔绝，以防污染氧化。

5. 腌渍保藏法

原理：利用改变原料的含水量及酸碱度及其他影响微生物生长繁殖的条件来杀死微生物或抑制微生物的生长繁殖从而达到保藏原料的目的。常用的方法有盐腌保藏法、糖渍保藏法、酸渍保藏法、酒渍保藏法。

盐腌—咸鱼

糖渍—果脯

酸渍—酸菜

酒渍—醉蟹

6. 烟熏保藏法

利用烟中的大量木馏油酚、醛类等覆盖于食品外表，起到防腐作用，另外，在熏制过程中食品脱水从而能较长时间地保藏。如湖南地区的烟肉。

7. 气调保藏法

通过改变原料储存环境中气体的组成，以达到减缓原料变化的过程来保藏原料。此法往往要配和适当的低温，多用于水果和蔬菜，如充氮气包装。

烟熏保藏

气调保藏

8. 辐照保藏法

利用放射性元素离子的穿透力，以极微量的射线照射原料，抑制发芽，杀灭微生物及昆虫，使促进生化变化的酶遭受破坏，失去活力，从而终止原料的被侵蚀或生长老化进程，维持品质稳定。我国于1985年颁布实施了6种辐照食品的卫生标准，其种类是大蒜、花生仁、蘑菇、马铃薯、大米、洋葱。

9. 保鲜剂保藏法

它是在原料中添加具有保鲜作用的化学试剂来增加原料保藏时间的方法。保鲜剂有防腐剂、杀菌剂、抗氧化剂、脱氧化剂等几类。

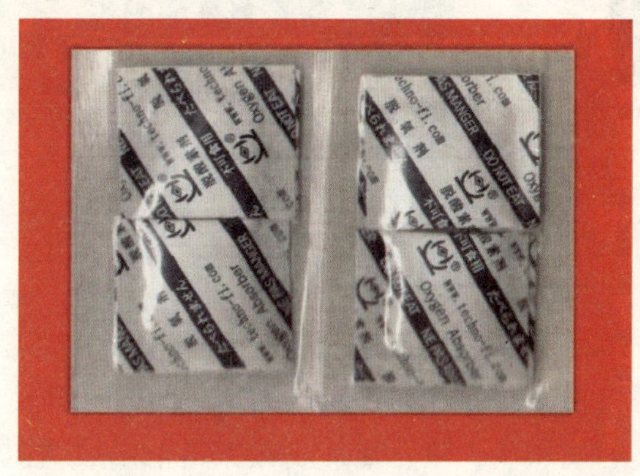

保鲜剂

第二章　刀工的基础知识

第一节　刀工的作用

所谓的刀工，就是运用刀具及相关用具，采用各种刀法和指法，把不同质地的烹饪原料加工成适宜烹调需要的各种形式的技术。刀工技术不但决定着原料的形状，而且对菜肴烹调后的色、香、味、形以及卫生等方面起着重要的作用，具体体现在以下几个方面。

一、便于食用

大块的整料吃起来感到不方便，因此必须运用各种刀法进行细加工，化大为小，切长为短，变厚为薄，以便于食用。

如菜品大蒸干丝，火腿经过刀工处理，化大为小，便于食用。

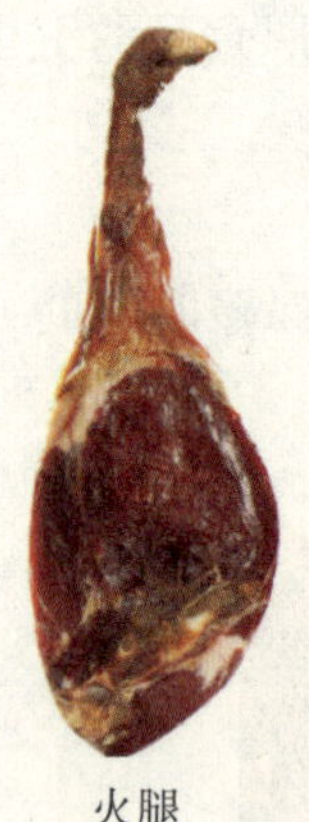

火腿

大蒸干丝

二、便于入味

大块原料或整块原料在烹调前，如不经过刀工的处理，烹制时调味品就不易渗透内部。通过刀工改成丁、丝、块、段、片，或在原料上剞成花刀，才能使调味品渗透均匀，使菜肴制品味美适口。

如菜品鸡汁黄瓜，黄瓜难入味，经过刀工处理后，鸡汁才能渗透均匀。

黄瓜

鸡汁黄瓜

三、便于烹调

我国菜肴丰富多彩，烹调方法多种多样，每样菜点都有自己的烹调方法，每种烹调方法各有不同的火候与烹制时间。如“炒”这种烹调方法，用热油旺火、短时间烹制，如果不把原料经过刀工切成小而薄的丝、丁、片，就根本无法炒制成熟。

如菜品翡翠炒鸽珍，各种配菜都切大小均匀的丁，以便于成熟。

芹菜

翡翠炒鸽珍

四、便于成“形”

刀工可以增进菜肴美感。形是菜肴的一个基本属性，而刀工是对菜肴形状起决定性作用的工序，经过刀工处理后的原料呈现出各种形状，或丝或片或丁或各种花样，这样就使烹制出来的菜肴整齐美观，令人赏心悦目，增进食欲。

如菜品鹅肝酱虾球，虾经过刀工处理，就精美了很多。

鲜虾

鹅肝酱虾球

中国各大菜系的厨师都非常注重刀工，刀工也被列为厨师入门的基本功。中国刀工吸收了几千年来前人创造和积累的实践经验，并加以不断创新和发展，形成了自己独特的刀法、技法。

总之，刀工是烹饪技术的一个重要组成部分，也是烹饪中的一道重要工序。刀工在整个烹饪技术中处于重要的地位，我国的广大厨师历来对刀工技术极为重视，中式烹调的刀工不但具有技术性，而且有很高的艺术性。随着烹饪技术的发展，刀工技术也不断提高，厨师对它的要求也越来越高，不只是局限于改变原料的形状，还要美化原料的形态，使菜肴更加丰富多彩、精致典雅。

第二节　刀具的种类、使用及保养

刀工必须有一整套得心应手的使用工具。“工欲善其事，必先利其器”，刀具的优劣，使用是否得当，都关系到菜肴的形态和质量。此外，还需要有与刀相配的质地优良的菜墩和磨刀石，磨刀采用什么方法，菜墩的选择和使用等，这都是一个厨师必须掌握的基本知识。

一、刀具的种类、用途

餐饮行业所使用的刀具种类繁多，各地的刀具外形也不一致，体积、重量也不尽相同，但其用途是基本相似的。按用途刀具可分为四大类：片刀（又称批刀）、斩刀（又称劈刀、砍刀、骨刀、厚刀）、前片后剁刀（又称文武刀）和特殊刀。

1. 片刀

重500～750克，轻而薄，刀刃锋利，是切、片工作中最重要的基本工具，适宜切、片经过精选的无骨动物性、植物性烹饪原料。

2. 斩刀

斩刀比片刀身长、宽、重，主要用于加工带骨或质地坚硬的原料，如斩鸡、鸭、排骨等。

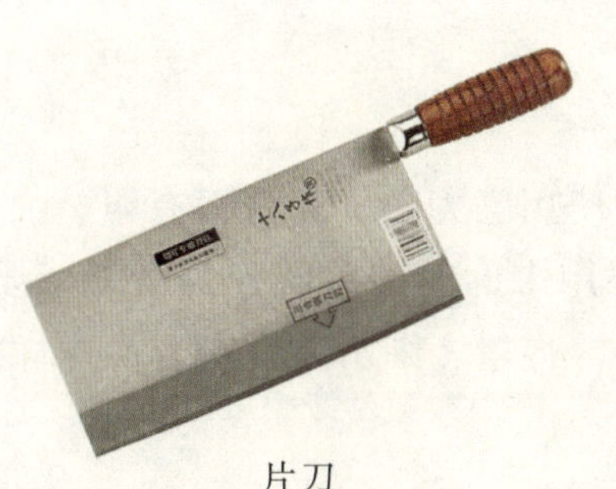
片刀

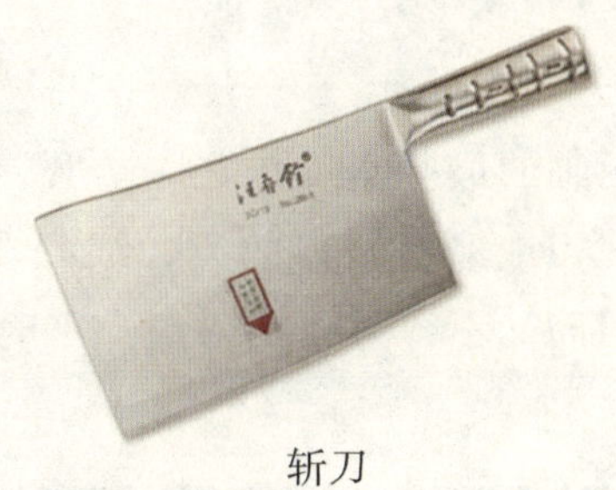
斩刀

3. 前片后剁刀

刀身大小与一般刀相同，刀的腰部比切刀略厚，前半部分薄而锋利，近似片刀，后半部厚而钝，近似斩刀。

前片后剁刀

4. 特殊刀

刀具还有多种，其外形各异，用途也各不相同。

（1）刮刀：体积较小，刀刃不很锋利，用于鲜鱼除鳞等。

（2）尖刀：刀形前尖后宽，基本成三角形，重量轻，多用于剖鱼和剔骨。

刮刀

尖刀

（3）剪刀：厨房用剪刀，与家用剪刀形状相似，但稍有不同，多用于原料的初步加工，如择剪蔬菜、加工整理鱼虾原料等。

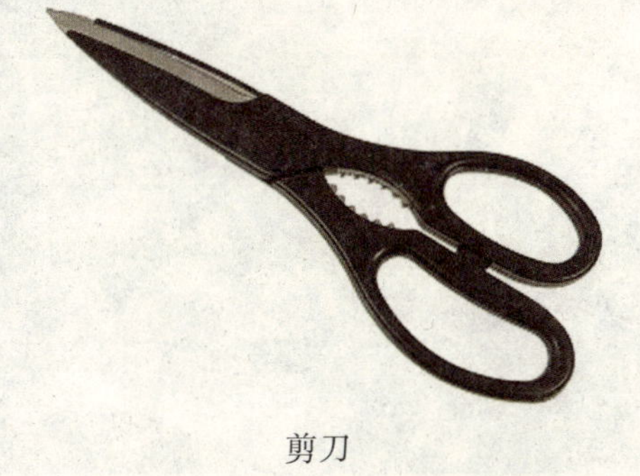
剪刀

二、刀具的使用及保养

人巧不如家什妙。刀用完以后，必须用清洁的抹布擦干水和污物，以免氧化变黑生锈。长时间不用的刀应在刀面涂上一层油，以防生锈；刀用完后要挂在刀架上；

刀刃不可碰硬物，以免刀刃受损。

1. 磨刀

磨刀是厨师的最基本工作之一。磨刀通常使用磨刀石，磨刀石有粗、细之分。粗磨石用来磨刀刃或磨有缺口的刀，细磨石主要用来磨刀刃，因为细磨刀石质地细密，容易磨快刀刃而又不容易损伤刀口。平时磨刀常将粗、细磨刀石结合，这样能缩短磨刀的时间。

粗磨刀石

细磨刀石

为了方便初学者在磨刀时易记、易学，下面推荐一首磨刀歌，它描述了磨刀的操作要领和全过程。

磨刀歌

磨刀不误砍柴工，磨石前地稳又平。
按稳刀面紧握把，推刀出石要记清。
磨时刀面要微翘，前后中间要磨到。
粗磨细磨要适中，两面次数要相同。
偏多偏少易卷刃，锋利标准削纸绳。
磨时莫忘勤淋水，以免费力不见功。

磨刀

正如歌中唱的那样，磨刀时一定要推刀出石，以免把磨石用得像大盖帽一样两头凸、中间凹；磨刀时注意两面磨得要均匀，如果左面磨的次数多了，在切原料时容易滑刀（空刀多），右边磨的次数多了，虽然切原料时很锋利，但是容易卷刃或切手指。刀磨完后，检查是否锋利，一般是用刀在菜墩上推一下，看能否推动，感觉推动自如，表明

菜墩

锋利，相反，则表明刀还没有达到锋利的标准。

2. 菜墩的选择和保养

菜墩又称砧板，与刀有着密切的关系。选墩要用银杏木、柳树、榆树等较好材质的树木墩。墩木质较硬则容易伤刀，墩木质较疏则容易咬刀。随着科技的发展，现代市场上有用高密度塑料制作的菜墩，使用和保养都比较方便。

新木墩在使用前应先用盐水浸泡，使木质收缩结实。在使用时应经常转动位置，保持墩面平整，每次使用完毕后，都应将墩面刮干净，每天工作结束后也要刮干净并凉干，用洁布把墩罩好，切记不要在太阳下暴晒，以防干裂。

第三节　刀法

刀法是指用刀的方法和技巧，具体来说就是将原料加工、切制成一定形状时采用的各种不同的刀工技法。它是厨师在长期的工作过程中总结出来的，是经过千万次的重复训练养成的。初学者要正确掌握刀法，只有熟练掌握和运用各种刀法，才能使刀工达到准、快、美、巧的要求，并在熟练的基础上不断提高和丰富刀法的内容，以提高刀工的技术水平。

一、刀具操作技术要点

1. 站案姿势要端正

站案姿势俗称“架子功”，内行人只要一看操作者的站相就能估量出其刀工的深浅，这不是没道理的，因为运刀切原料的过程，实际上就是根据需要变换身体姿势的过程，要求如下：腰不哈、腹不挺、膝不曲、头不歪、双脚叉开、与肩同宽、腹部与墩保持一拳之隙、意守双手、目视刀口。

首先，取这种姿态身体重心垂直于地面，重力分布均匀，有利于上肢施力和灵活调节；其次，菜墩的高低也有要求，高则架膀，低则哈腰，一般来说墩面的高度以到操作者的脐部为宜。

站案姿势

2. 运刀时动作要优美

在操作中需要使用切、片、劈、剁等手法，随之就

运刀姿势

会出现不同的动作，我们常称之为“手势”。手势的基本要求是舒展大方，行刀自如，轻重得当，缓急有度，做到稳健而不失呆板，轻巧而不失浮漂，自如而不失空虚。其中，直切、斜片是用刀手法中最常用的，要求只可动腕而不可牵肘，动作敏捷而又轻重有度，绝不可以拖泥带水，更不能冒冒失失。

3. 运刀时用力要巧

运刀是一项技巧性非常强的工作，接触的原料名目繁多，切制的形状要求不一，即使一个菜肴也往往使用几个不同刀法，光凭力气是无法适应实际需要的，必须使用刚柔相济的巧劲。

4. 下刀准确无误

烹饪原料千差万别，尤其动物性原料的结构十分复杂，从初加工到细加工，下准每一刀是不容易的事，但又是厨师必须具备的技能。以牛为例，头、尾、四肢、肌肉、骨骼、脂肪等的位置，净肉中又有肌腱、色泽、老嫩等的各不相同，各有各的烹调方法和用途，并非放在案上都是肉，想怎么切就怎么切，只有了解牛的自然结构和位置，循着牛的骨骼和肉的缝隙入刀，原料才会迎刃而解。

二、刀法的分类

常用的刀法主要有直刀法、平刀法、斜刀法、混合刀法（花刀）、其他刀法。

1. 直刀法

它是刀刃与菜墩面成直角的一种方法。直刀法的分类如下。

（1）直切。操作方法：将刀对准原料由上而下地切下去。直切又叫跳切，这种方法一般用于加工切制脆性原料，如黄瓜、白菜、土豆等。直切的方法：左手按住原料，右手持刀，运用腕力，一刀一刀笔直地切下去。一般用于不带骨的原料。

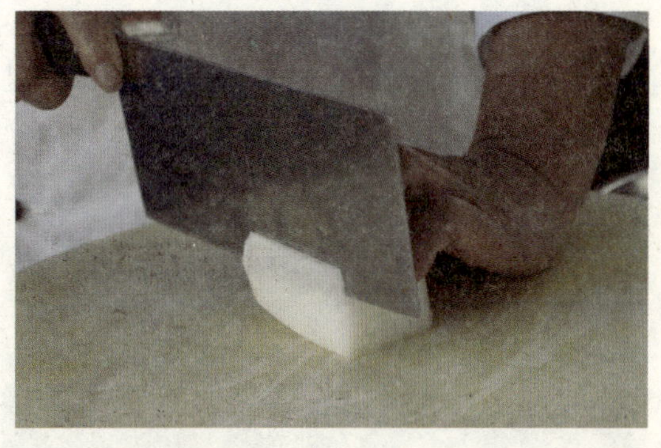

直切

要点：左右两手必须有节奏地配合，左手中指关节顶住刀身均匀地向后移动，落刀应直，不能偏里或偏外，原料本身不能移动。

（2）推切。操作方法：推切的刀口不是直着向下而是由里向外推去，着力点在刀的后端，一刀推到底不能拉回来。一般用于切肥肉、肉丝和切块小的原料。

推切

要点：刀与原料垂直，切时刀由后向前移动，一刀到底，干净利落。

（3）拉切。操作方法：刀口由外向里拉，刀的着力点在前端，还有一种握刀手法是握住刀面，由前向后快速拉。一般适合脆性原料。例如，在围边时所切的黄瓜片、西红柿片等。

拉切

要点：必须垂直于原料，切时刀由前向后移动，着力点在刀的前端，一刀拉到底。

（4）锯切。也叫推拉切。操作方法：先将刀向前推，然后向后拉，这样一推一拉就像拉锯一样地切下去，例如，切羊肉片、白肉片、面包片等。这样的刀法用于切厚大无骨、有韧性的原料或质地松散的原料。

要点：操作者左手按原料时要稳，原料不能移动，先将刀在原料上前推后拉，缓缓下切，落刀不要太快，用力不要太重，但刀要笔直，不能偏里偏外，待刀切入原料的50%左右时，再用力切断。

（5）铡切。铡切有两种方法：一种是左手握住刀柄，右手按住刀背的前端并着案上，然后对准要切的原料，双手用力一上一下地将原料切碎，这种方法叫单手铡；另一种是右手握住刀柄，左手按住刀前端，左右手交替用力摇晃切下，这种方法叫双手铡。这种方法要着重防范下刀材料尽散，例如，加工干辣椒、花椒等。

要点：切时要对准原料，并使原料不能移动，切时用力应均匀，不使原料汁液流失。

（6）滚切。又称滚刀法，是将原料一边滚动一边切的方法。这种刀法适合圆形或椭圆形、质地较脆的原料。例如，山药、胡萝卜、黄瓜、笋、茭白等。切出来的形状是多边形、不规则的。

要点：左手滚动原料的斜度与切时刀的斜度要始终一致，否则切的原料就会出现大小不一的形状。

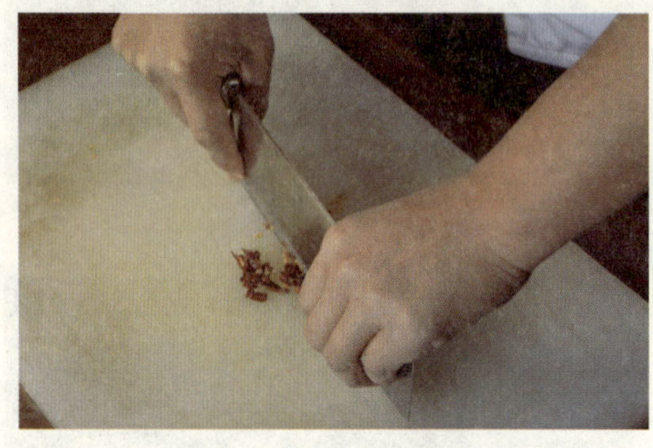

铡切

滚切

（7）直剁。操作方法：右手握住刀柄，向下剁的同时向后拉，直观上向后拉的动作几乎看不到，只是手腕部略微用力，这样可以使剁好后的原料不向墩外飞溅。直剁的原料有鸡爪、鱼块、鸡块等带小骨的原料。

（8）排剁。将无骨的原料制成蓉或泥时所用的刀法，通常用两把刀从左至右一刀挨一刀地把原料剁细、剁碎，以便制馅或做丸子等，为避免粘刀，可将刀放清水中边蘸边剁，也有用刀背将原料砸成泥状后再用刀剁的，这样可使成品更细腻。

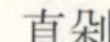

直剁

排剁

（9）直砍。又叫劈，将刀对准原料要砍的部位，用力向下砍，一般用于带骨的肉类或质地坚硬的原料。例如，劈鸡、鸭等。

要点：劈时要一刀两断，避免重复劈，否则会影响原料形状的整齐又容易出现碎料。

（10）跟刀砍。凡是一刀砍不断的须再跟上两三刀方能砍断的叫跟刀砍。操作方法：对准原料要砍的部位，先砍一刀，让刀嵌在原料要砍的部位上，然后用刀将原料带起，再一起落下，如此反复，直至将原料砍断。例如，砍猪蹄等。

要点：左手拿原料，右手持刀，两手同时起落，而且刀刃要紧嵌原料内部，并且嵌牢以免脱落，否则易于发生事故或切空。

直砍

跟刀砍

（11）拍刀砍。操作方法：右手持刀，放在原料要砍的部位上，然后用左手掌在刀背上猛拍下去，将原料砍开。一般适合圆形和椭圆形、体小而滑的原料，例如，鸡头、熟鸡蛋等。

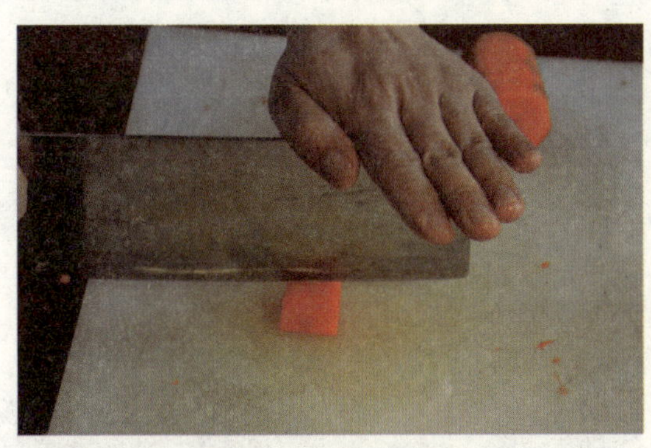

拍刀砍

推刀片

2. 平刀法

平刀法，也称片刀法，是刀与砧板成平行状态的一种刀法。它能把原料片成薄片，是一种比较细致的刀工处理方法。适合加工无骨的韧性、软性原料，或煮熟回软的脆性原料。平刀法的分类如下。

（1）推刀片。操作方法：左手按住原料放平刀身，片进原料后向外推移。这种刀法适用于煮熟回软的脆性原料。例如，熟笋、玉兰片等。

（2）拉刀片。操作方法：左手按住原料放平刀身，片进原料后向里拉动。这种

拉刀片

刀法多用于切韧性原料，而且最适合切小块的肉类。例如：鸡脯肉、鱼片等。

（3）锯刀片。锯刀片是推刀拉刀片的结合，适合带韧性原料。例如，瘦肉等。这种刀法是平刀法中最常用的，一般用来片肉片、鸡片、鱼片等原料。锯刀片法又分为上出片和下出片两种。上出片是北方厨师常使用的手法之一，下出片是南方厨师常使用的手法。操作方法：左手按住原料，右手拿刀从接近墩面的肉块上片出薄片。这种方法既安全切片又均匀。

（4）平刀片。操作方法：刀放平，使刀与砧板平行，一刀片到底。适合片无骨的软性原料。例如，豆腐、鸭血、山楂糕等。

3. 斜刀法

斜刀法，主要有正斜刀片和反斜刀片两种。

（1）正斜刀片。操作方法：刀与原料有一定坡度，刀刃向里。适合片柔软有韧性的原料。例如，猪腰子片、熟肚片、鱼片等。

（2）反斜刀片。操作方法：刀刃向外，速度较快地片下。这种刀法适用于脆性原料。例如，黄瓜、西芹、苦瓜等。

斜刀法要点：左手按料，右手持刀，互相配合，对原料的厚薄以及斜度的掌握，主要靠目光看，要掌握好两手的动作和落刀的部位、方向。

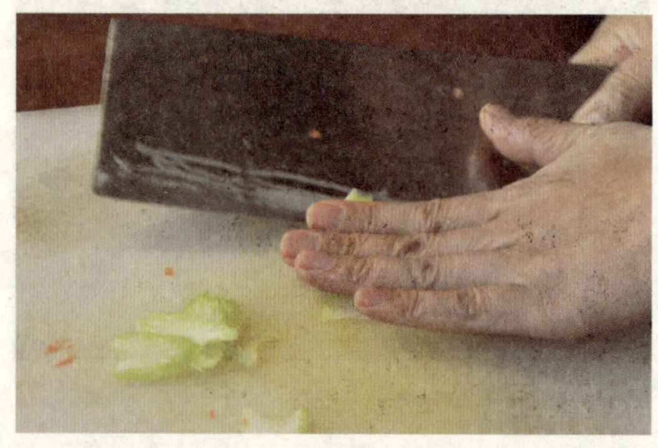

正斜刀片

反斜刀片

混合刀法

4. 混合刀法

混合刀法又叫花刀，是将直刀法和斜刀法两者混合使用的刀法，主要用于加工韧中带脆的原料。例如，腰子、鱿鱼、墨鱼、鸡胗、鱼肉等。先在原料表面划出距离均匀、深浅一致的刀纹，然后改刀成小块状，经过加热后使原料卷曲成不同形状。

混合刀法的操作方法：将原料先片后切，片切的刀纹要深浅一致、距离相等、

整齐均匀、相互对称，花刀法产生的形状千姿百态，有的像麦穗，有的似金鱼，常用的还有蓑衣花刀、梳子花刀、牡丹花刀、荔枝花刀、柳叶花刀等。

5. 其他刀法

（1）拍刀法。根据烹调的需要将原料拍松、拍平等。例如，拍姜、拍蒜等。

（2）削刀法。把原料的薄皮削掉。例如，黄瓜、土豆、茄子等需要削皮。

（3）剔刀法。将带肉的骨头上的肉剔下来。例如，肘子、棒骨等剔肉。

（4）刮刀法。用刀将原料的毛茬刮掉。例如，刮肉皮上的绒毛、猪蹄上的毛等。

（5）旋刀法。多用于原料去皮。例如，苹果、西红柿等去皮。

三、烹饪原料的成形

烹饪原料经过不同的刀法加工后就成了便于烹调、食用的各种形状，常见的有块、片、条、丁、粒、米、蓉、丝、段、球、花刀等，原料加工成多大及什么样的形状，要根据主配料的烹调要求灵活掌握，以美观和便于食用为原则。

1. 块

块的种类有很多，常见的有象眼块（菱形块）、大小方块、长方块、劈柴块、大小滚刀块等。

（1）象眼块。又叫菱形块，将原料改刀切厚片，再改刀切条，斜刀交叉切成。

（2）大、小方块。边长为 3.3 厘米以上的叫大方块，边长小于 3.3 厘米的叫小方块，一般是用切和剁的刀法加工而成。

象眼块

小方块

大方块

（3）长方块。形状如骨牌，又叫骨牌块，厚为 0.8 厘米宽 1.6 厘米长 5 ~ 8 厘米，呈长方形。

（4）劈柴块。形似劈柴，这种形状多用于茭白、黄瓜等原料。例如，拌黄瓜时黄瓜一刀切成两半，再拍松片，其长短薄厚不一，就像烧饭的劈柴一样。

长方块

劈柴块

（5）排骨块。类似猪排骨形状，为3.3厘米左右长短、薄厚不一的块。

（6）大、小滚刀块。这种块是用滚刀法加工而成的形状。先将原料的一头斜切一刀后滚动一下，再切一刀，这样切出来的块叫大滚刀块。滚动幅度小的叫小滚刀块。一般用于蔬菜类。例如，黄瓜、山药、青笋等。

排骨块

大、小滚刀块

2. 片

常见的片有柳叶片、象眼片、月牙片、薄片、抹刀片等。

（1）柳叶片。这种片薄而窄长，形似柳叶，一般用切的方法制成。

（2）象眼片。又称菱形片，将原料改成菱形块，再用刀切成薄片即成。

柳叶片

象眼片

(3) 月牙片。先将圆形原料修成半圆形或切成半圆形，然后再改切成薄片即成。

(4) 厚片、薄片。片的厚度在0.5～1厘米的叫厚片，片的厚度在0.3厘米以下的叫薄片，一般用切和片的刀法加工而成。

月牙片

厚片、薄片

(5) 夹刀片。又称合叶片（荷叶片或合页片）。将原料切或片时一刀不断，一刀断开，成夹子形状地片。

(6) 抹刀片。将原料从左至右一刀一刀地片，一般用反斜刀法，像磨刀一样片成片。

夹刀片

抹刀片

3. 条

条的形状是先把原料片成厚片，再切成条。

(1) 粗条：长4.6厘米，宽和厚为1.5厘米。

(2) 细条：长4厘米，宽和厚1厘米。

粗条

细条

4. 丁、粒、米、末、蓉

（1）丁。大丁 2～1.5 厘米见方。小丁 1.1～1.4 厘米见方。碎丁 0.8～1.0 厘米见方。

大丁

小丁

碎丁

（2）粒：仅小于碎丁。大粒：0.6 厘米左右。小粒：0.4 厘米左右。

大粒

小粒

（3）米：将原料切细丝后再切成如小米大小均匀的细粒。

（4）末：剁碎的原料。例如，肉末、姜末、蒜末等。

（5）蓉：如肉类原料用刀背砸细成泥状。

5. 丝

切丝要把原料先加工成片状，然后再切成丝，片的厚薄直接关系着丝的粗细和均匀度，所以在制片时应讲究均匀。丝是配菜中常用的形状之一，切丝是入厨者常练的刀工之一。丝的长度大约为5厘米。细丝可以穿针，如牛毛一样。例如，姜丝等。

粗丝的大小如筷子的细端一般，例如，干煸肉丝中的肉丝、煸炒鳝丝中的鳝丝等。

米　　末

蓉　　丝

6. 段

段的大小很难界定，要根据原料的性质和烹调的需要而定。

7. 球

球形多是用挖球器制作出来的，主要以脆性原料为主。例如，土豆、南瓜、黄瓜、萝卜等。

段　　球

第三章　蔬菜原料加工

蔬菜的品种很多，其供食用部位也各不相同，有的用叶子，有的用果实，有的用根，有的用茎，有的用皮，还有的用花。因此，蔬菜的初加工必须依据初加工原则（蔬菜原则），有区别地采用相应的初加工方法，以达到整洁卫生、符合菜肴烹制的要求。蔬菜初加工的一般原则：蔬菜的黄叶、老叶必须清除干净；虫卵杂物必须洗涤干净；蔬菜要先洗后切。

第一节　叶菜类原料加工

一、叶菜类原料初步加工方法

叶菜指以肥嫩的茎叶作为烹调原料的一种蔬菜，全国各地都不相同，以广东为例，常用的有通菜、菜心、上海青、绍菜、生菜、菠菜、小白菜、芹菜、韭菜、苋菜等。其初加工步骤是择剔、洗涤、刀工。

1. 择剔

将黄叶、老根、老帮、杂质等不能食用的部分择掉，并且清除所附泥沙。

2. 洗涤

一般用冷水洗涤，也可以根据需要用盐水洗或高锰酸钾溶液洗涤。

（1）冷水洗。主要目的是洗去蔬菜上的泥土污物，可先将经过择剔的蔬菜放在清水中浸泡一会儿，再反复洗涤干净。

（2）盐水洗。用盐水洗涤蔬菜有特殊作用。它主要用于夏秋季之间的蔬菜，因为这时吸附在菜梗、菜叶上的菜虫较多，用冷水往往洗涤不干净，常将叶菜放入浓度为20%的食盐水中浸泡5分钟，这样可以使菜虫足上的卵盘收缩而脱落。

（3）高锰酸钾溶液洗。这种洗法主要用于供凉拌食用的蔬菜。因为凉拌食用的蔬菜不再经过加热处理，为了杀灭叶菜上的病菌，只要用浓度为0.3%的高锰酸钾溶液浸泡5分钟，然后用清水洗净，即可杀死病菌。

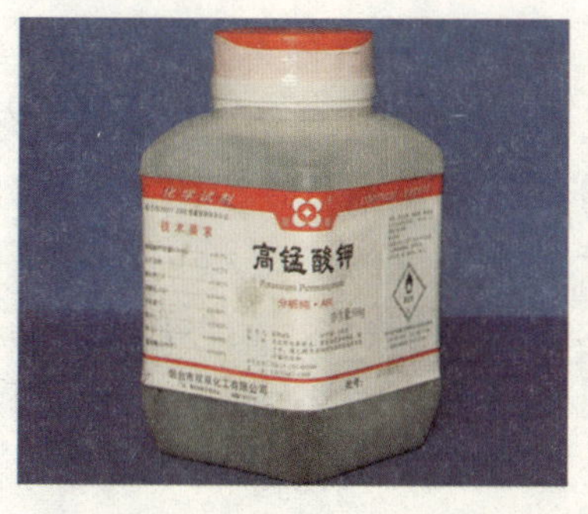

二、叶菜类原料初步加工实例分析

1. 通菜

通菜，又称空心菜、蕹菜，在我国广东、福建、广西、贵州、四川都有种植，福建称通菜蕹、蕹菜，江苏、四川称藤藤菜，广东称通菜。

通菜是碱性食物，食后可降低肠道的酸度，预防肠道内的菌群失调，对防癌有益；所含的烟酸、维生素 C 等能降低胆固醇，具有降脂减肥的功效；通菜中粗纤维素的含量较丰富，具有促进肠道蠕动、通便解毒的作用。

（1）品质鉴别：新鲜、叶翠绿、株形完整。

（2）初加工方法：择去老茎、黄叶，浸洗干净，折段。

（3）刀工处理：通菜一般不经刀工，长的折成段，每段要求必须带叶，通菜梗也可以单独成菜，取粗茎折成长 6 ~ 7 厘米的段，用刀拍一下即可。

（4）常见菜品：蒜蓉炒通菜、椒丝腐乳炒通菜、虾酱啫啫通菜梗。

蒜蓉炒通菜

虾酱啫啫通菜梗

2. 菜心

菜心是中国南方的特产蔬菜，品质柔嫩、风味可口，并能够周年栽培，故而在广东、广西、福建等地大量种植，是我国南方和香港、澳门等地餐桌上不可缺少的蔬菜品种。菜心茎部绿色，有细小的菜叶，叶片为深绿色，而叶片间有黄色的小花。在广东地区，菜心最佳食用时间是秋、冬两季，广东有“秋风起，菜心甜”的说法。菜心常见的品种有“四九菜心”、“萧岗菜心”、“迟菜心”等。其中，迟菜心深受食客欢迎，不过，每年却只有入冬之后才可以吃到，这是因为入秋之后的阴凉天气特别适合迟菜心的生长，所以当地菜农每年都要等到农历八月才开始栽种，又要经过 90～120 天后才收割，到冬至前后才上市，这时已经是岁晚，自然比其他菜心迟，也因此被称为“迟菜心”。

迟菜心

菜心品质柔嫩，风味可口，营养丰富。菜心可食部分钙、磷和维生素 C 的含量都是比较高的，并有清热解毒、杀菌、降血脂的功效。菜心适用于炒、扒的菜式，菜心可作为主料成菜，也可作为辅料成菜。

（1）品质鉴别：叶片为深绿色，株形完整，株身脆嫩，稍折即断。

（2）初加工方法：择去老叶、黄花，浸洗干净。

（3）刀工处理：

郊菜（又称玉树）：剪去菜花及叶尾端，在菜远上端 12 厘米处斜剪而成。适用于扒、炒、伴边之用。

菜远（又称玉簪）：剪去菜花及叶尾端，在菜远上端 6 厘米处斜剪成段即成。适用于配菜。

（4）常见菜品：菜心炒猪颈肉、腊味蒸菜心、菜心炒鸡杂。

菜心炒猪颈肉

3. 小白菜

小白菜，又叫上海青、小棠菜、青梗白菜、青江白菜、汤匙菜、花瓶菜，是上海一带和华东地区最常见的蔬菜品种。小白菜含多种氨基酸和多种维生素，能提高机体免疫功能、延缓衰老、防癌抗癌、降血压、降血脂、降胆固醇等。

（1）品质鉴别：叶柄肥厚，呈青绿色，株形束腰，底部白嫩。

（2）初加工方法：择去老叶、黄花，浸洗干净。

（3）刀工处理：

①整菜胆，将外层叶掰去，留菜心部分。适用于扒和围边。

②开边小菜胆，用刀削齐根部，一开二或一开四。菜品有香菇扒菜胆、蒜蓉炒小棠菜。

③菜胆花，将菜叶上端剪去，留3厘米长段。主要用于装饰。

（4）常见菜品：香菇扒菜胆、肉卷扒小白菜、素炒四宝蔬。

香菇扒菜胆

4. 绍菜

绍菜，又叫做黄牙白、黄牙菜、天津白菜，总的来说绍菜就是大白菜的一种，绍菜有青麻叶、白麻叶、青梢白等品种，其中尤以青麻叶为上品，其叶色鲜绿，梗薄水分少，菜质脆嫩，叶肥心紧，并且极耐储存。绍菜不仅是我国北方地区冬季的“当家菜”，也是南方地区居民餐桌上的家常菜，如广东地区，球形大白菜少有人食用，绍菜反而成为饭堂食肆的常客。

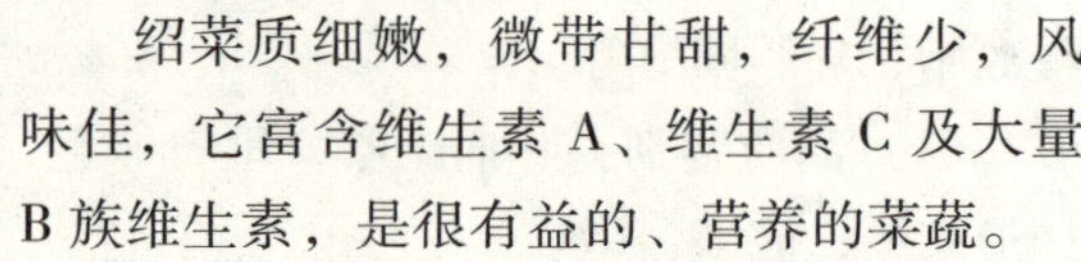

绍菜质细嫩，微带甘甜，纤维少，风味佳，它富含维生素 A、维生素 C 及大量 B 族维生素，是很有益的、营养的菜蔬。

（1）品质鉴别：叶柄肥厚，呈青绿色，株形束腰，底部白嫩。

（2）初加工方法：择去老叶、黄花，浸洗干净。

（3）刀工处理：

绍菜核：将原棵菜头择去老叶，将嫩叶剥下，撕去菜筋，开边，再改成长约 15 厘米的“榄菱”形，适用于作炒、扒的菜式。

绍菜胆：将嫩叶剥至菜心时，再根据菜胆大小开两边或四边，适用于作炒、扒的菜式。

（4）常见菜品：银鱼蒸绍菜、特色韩国泡菜、瑶柱丝扒绍菜。

银鱼蒸绍菜

特色韩国泡菜

5. 生菜

生菜原产于欧洲地中海沿岸，由野生种驯化而来。生菜品种有散叶生菜、结球生菜种，结球生菜在我国又叫西生菜。散叶生菜叶片散生，叶面皱缩，外叶开展，心叶松散或抱合成叶球，质地脆嫩；结球生菜叶片抱合成球状，其生长周期较散叶生菜长，单株重量大。我国南方种植和食用散叶生菜比较多，西生菜多用于西餐、沙律。

生菜含有丰富的维生素，具有防止牙龈出血以及维生素 C 缺乏等功效。

（1）品质鉴别：好的生菜又叫作“玻璃生菜”。顾名思义，好的生菜有玻璃般的脆感。一般来说，越好的生菜，它的叶子越脆，新鲜的生菜叶为青绿色，叶面有诱人的光泽，如果在叶子的正面滴上一滴水，水滴是不会花开的。此外，还要注意生菜的茎部，一般来说，茎色带白的生菜才是新鲜的。

（2）初加工方法：择去老叶、黄花，浸洗干净。

（3）刀工处理：

改菜胆：切去原料的头尾，去软叶留梗，改成 14 厘米长。在头部用刀界“十”字，约 0.5 厘米的深度，若大株则一开二。适用于炒、扒的菜式。

用于滚汤：切去原料头部和老叶，再切成约 5 厘米的菜段。

生菜也可做菜包的用料，将菜叶洗净，消毒，叠齐，再改成直径约 10 厘米的圆形。

（4）常见菜品：白灼生菜、生菜炒什菌、蚝油生菜。

白灼生菜

蚝油生菜

6. 菠菜

菠菜于 7 世纪左右由波斯传入我国，各地均有栽培，是一种常年供应市场的绿叶蔬菜。菠菜按叶形可分为尖叶和圆叶两个类型。秋、冬菠菜多属尖叶型，春、夏季菠菜多属圆叶型。菠菜在古代被赞颂为“红嘴绿鹦哥”，是绿叶蔬菜的佼佼者，中国民间有句俗话“菠菜豆腐虽贱，山珍海味不换”，阿拉伯人曾将它列为“蔬中之王”。

菠菜含有大量的植物粗纤维，具有促进肠道蠕动的作用，利于排便，且能促进胰腺分泌，帮助消化。菠菜中含有丰富的胡萝卜素、维生素 C、钙、磷及一定量的铁、维生素 E 等有益成分，能供给人体多种营养物质。菠菜提取物具有促进细胞增殖的作用，既抗衰老，又能增强青春活力。菠菜可以用来烧汤、凉拌、单炒、配荤菜合炒和垫盘。

老醋蒜头菠菜

（1）品质鉴别：以色泽浓绿、根为红色、茎叶不老、无抽薹开花、不带黄烂叶者为佳。

（2）初加工方法：择去老叶、黄花，去须根，浸洗干净。

（3）刀工处理：一般不经刀工，整株或者分株成菜。

（4）常见菜品：蒜蓉炒菠菜、香干菠菜、老醋蒜头菠菜。

7. 韭菜

我国南北方都有种植和食用，韭菜食用历史可以追溯到春秋战国时期，是家常菜蔬之一。在中医里把韭菜称为“洗肠草”、“长生草”。

韭菜常见的品种有细叶韭菜和大叶韭菜。细叶韭菜叶色淡绿较薄，上部弯垂，其品质柔软，纤维较多，香味浓，但产量较低，价格也比较高。大叶韭菜是一种杂交品种，其株型直立，株高 50 厘米左右，茎白部分比较长，叶色浓绿，叶片宽大肥厚并且长，生吃辛辣味强，产量高。

韭菜的主要营养成分有维生素 C、维生素 B_1、维生素 B_2、烟酸、胡萝卜素、碳水化合物及矿物质。韭菜还含有丰富的纤维素，每 100 克韭菜含 1.5 克纤维素，比大葱和芹菜的含量都高，可以促进肠道蠕动、预防大肠癌的发生，同时又能减少对胆固醇的吸收，起到预防和治疗动脉硬化、冠心病等疾病的作用。

（1）品质鉴别：色翠绿，无黄叶和烂叶，基衣完整。

（2）初加工方法：择去黄叶、基衣，浸洗干净，沥水，刀工。

（3）刀工处理：切成2～4厘米的段。

（4）常见菜品：韭菜炒腊味、鹅肠炒韭菜、韭菜炒肚丝。

小知识

韭黄也称“韭芽”、“黄韭芽”，它是韭菜经软化栽培变黄的产品。韭菜隔绝光线，完全在黑暗中生长，无阳光供给，不能进行光合作用，合成叶绿素，就会变成黄色，称之为“韭黄”。韭黄的口感比韭菜更加鲜嫩，但其营养价值要逊于韭菜。

8. 苋菜

苋菜原产中国、印度及东南亚等地，苋菜自古就作为野菜食用，苋菜耐旱，耐

湿，耐高温，生命力特别强，加之病虫害很少发生，因此无论是在田间或地头都能找到它的身影。苋菜叶呈卵形或菱形，叶色为绿色或紫红色，株身挺直，茎部富含纤维。

苋菜入口甘香，菜身软滑，清香适口，南方地区常用来炒和煮汤。苋菜钙、磷含量比较高，对牙齿和骨骼的生长可起到促进作用。中医认为苋菜有补气、清热、明目、滑胎、利大小肠的作用。

（1）品质鉴别：叶色翠绿或紫红，无黄叶和烂叶，株身挺直饱满。

（2）初加工方法：择去黄叶，浸洗干净，沥水，分段。

苋菜清洗比较困难，这是因为苋菜植株比较低矮，茎叶细嫩多汁，叶面粗糙，容易受病虫害和微生物的侵袭，在种植苋菜的过程中，要经常使用农药，这些农药、肥料以及病菌等，很容易附着在苋菜粗糙的表面上，如果清洗不干净，很可能引发腹泻，甚至农药中毒，因此要把苋菜洗干净，最好用自来水不断冲洗。

鱼滑上汤煮苋菜

（3）刀工处理：一般不经刀工，较小的整棵入菜，大的分段即可。

（4）常见菜品：高汤苋菜羹、豆豉鲮鱼煮苋菜、鱼滑上汤煮苋菜。

第二节　根茎菜类原料加工

一、根茎菜类原料初步加工方法

根茎类蔬菜是指以脆嫩的根茎为烹调原料的蔬菜。常用的有芹菜、土豆、白萝卜、胡萝卜、洋葱、马蹄、慈姑、莴笋、山药、芋头、葱、姜、蒜等。加工的方法有刮削、整理（刮削）和洗涤（根洗涤）。

刮削，如莴笋等带壳或皮的原料，要将壳剥去或用刀将老根和外皮削净。

根洗涤，莴笋、山药、土豆、芋头等经刮剥去皮之后，用清水洗净即可。因为这些原料本身都含有或多或少的酚类物质，去皮后很容易氧化变色，所以洗涤后应立即浸泡在清水中，用时再取出，以防酶促褐变的发生，如土豆的褐变等。

二、根茎菜类原料初步加工实例分析

1. 芹菜

芹菜又叫香芹、胡芹，是一种风味独特的蔬菜，芹菜可分为本芹（中国类型）和西芹（欧洲类型）两种。本芹，菜根大，空心，叶柄细长，柄呈绿色或紫色，纤维较粗，香味浓，可食部分较少。西芹，根小，棵高，叶柄宽肥，实心，香味较淡，菜质脆嫩，可食部分多。

本芹

西芹

芹菜可食用部分主要为叶柄，虽然叶也可以食用，但大多数菜品均不用，芹菜含有挥发性的芳麻油，香味诱人，芹菜富含蛋白质、碳水化合物、胡萝卜素、B 族维生素、钙、磷、铁、钠等，同时，具有平肝清热的作用，经常食用可以刺激身体排毒，有很好的排毒减肥的作用。尤其是吃芹菜叶，对预防高血压、动脉硬化等都十分有益，并有辅助治疗作用。

（1）品质鉴别：芹菜以大小整齐，不带老梗、黄叶，叶柄色泽鲜绿或洁白、充实肥嫩、无锈斑、无虫伤者为佳，也可从下面几点选择。

①芹菜梗不宜太长，20～30 厘米为宜，短而粗壮的为佳。

②新鲜的芹菜叶是平直的，而存放时间较长的芹菜，叶子尖端会翘起，叶子软，甚至会发黄。另外，叶色浓绿的芹菜不宜买，因为粗纤维多，口感老。

③可以用手掐一下芹菜的茎部，易折断的为嫩芹菜，口感好；不易折断的为老芹菜，口感差。

（2）初加工方法：择去叶，浸洗干净。

（3）刀工处理：撕去根膜或去皮，切去头尾，改成长 4 厘米、宽 2 厘米的方条，适用于炒或凉拌的菜式。

（4）常见菜品：芹菜炒鲜百合、芹菜炒脆皮咸猪手、香芹炒脆骨。

2. 莴笋

莴笋又名莴苣，分茎用和叶用两种，前者各地都有栽培，后者南方栽培较多，是春季及秋、冬季重要的蔬菜之一。茎用莴苣由叶用莴苣经长期选育而成，其茎肥如笋，故又名“莴笋”。莴笋茎部肥大而脆嫩，削去表皮，肉质淡绿，如同碧玉一般，制作菜肴可荤可素，可凉可热，口感爽脆，肉质细嫩。

莴笋具有独特的营养价值，其含有多种维生素和矿物质，具有调节神经系统功能的作用，其富含人体可吸收的铁元素，对缺铁性贫血病人十分有利。莴笋中含有一种芳香烃羟化脂，对于肝癌、胃癌有预防作用，也可缓解癌症患者放疗或化疗的副作用，是一种抗癌蔬菜。

（1）品质鉴别：

①形态：莴笋粗短条顺，不弯曲，笋条不蔫萎，大小整齐；表面无锈斑；不带黄叶、烂叶，不抽薹。

②质地：皮薄，质脆，水分充足，不空心。

（2）初加工方法：清洗，削皮，浸泡。

（3）刀工处理：刨去皮，切去头尾，改成长 4 厘米、宽 2 厘米的长方条，适用于炒或凉拌的菜式。

（4）常见菜品：姜汁拌莴笋、排骨焖莴笋、芥末汁扒莴笋。

3. 土豆

土豆别名马铃薯、洋芋，部分地区又叫山药蛋、洋番薯，它是一种粮菜兼用型的蔬菜，原产于南美洲高山地区，18 世纪传入我国，各地均有栽培，四季均有供应。土豆呈椭圆形，有芽眼，皮分红、黄、紫几种颜色，肉质有白色和黄色两种。土豆的淀粉含量较多，营养丰富，口感清脆或粉质，适于炒、炖、烧、炸等，且易为人体消化吸收，因此在欧美等国被认为是“第二面包”。

土豆含有大量膳食纤维，能宽肠通便，帮助机体新陈代谢，对防止便秘，预防肠道疾病的发生有好处。土豆中的黏液蛋白，对预防心血管系统的脂肪沉积、动脉粥样硬化有益。土豆还是一种碱性蔬菜，有利于体内酸碱平衡，有一定的美容、抗衰老作用。

（1）品质鉴别：体形整齐均匀，个大，皮光滑，无虫斑。

（2）初加工方法：清洗，削皮、除芽，浸泡。

（3）刀工处理：刨去皮，改成长 7 厘米、宽 0.3 厘米的中丝，适用于炒或凉拌的菜式，也可以改成 2 厘米橄核形，用作焖制菜式。

（4）常见菜品：土豆炒虾仁、醋熘土豆丝、咖喱土豆焖鸡。

小知识

马铃薯含有的龙葵素，又称马铃薯毒素，是一种弱碱性的生物甙，发芽马铃薯或未成熟、青紫皮的马铃薯含有的龙葵素会增高数倍甚至数十倍。龙葵素具有腐蚀性、溶血性，并对运动中枢及呼吸中枢产生麻痹作用，误食后会引起中毒，表现为恶心、呕吐、腹痛、腹泻等胃肠道症状，重者还会头晕、头痛、呼吸困难。因此，土豆选取、加工、储藏、烹调都要严格执行食品安全相关规定。

龙葵素可溶于水，遇醋酸易分解，高热、煮透可解除毒性。因此，马铃薯应低温、避光储藏，防止生芽。发芽较少的马铃薯应彻底挖去芽的芽眼，并扩大削除芽眼周围的部分，这种马铃薯不宜炒吃，应充分煮、炖透，烹调时加醋，可加速龙葵素的破坏分解。

4. 芋头

芋头是一种淀粉含量很高的蔬菜品种，其主要产地为福建和广西，主要品种有红芋、白芋、九头芋、槟榔芋（广西称之为荔浦芋）等。广西的荔浦芋在广东厨师和居民中享有很高的声誉。

芋头口感细软，绵甜香糯，营养丰富，含有大量的淀粉、矿物质及维生素，芋头中富含蛋白质、钙、磷、铁和 B 族维生素，营养价值很高。在矿物质中，芋头氟的含量较高，常食芋头具有洁齿防龋、保护牙齿的作用。此外，芋头含有一种黏液蛋白，被人体吸收后能产生免疫球蛋白，可提高机体的抵抗力。中医认为芋艿能解毒，对人体的痈肿、毒痛，包括癌毒有抑制消解作用。总之，芋头是一种很好的碱性食物，既是蔬菜，又是粮食，芋头可蒸食或煮食，也可以烤、烧、炒、烩、炸。

（1）品质鉴别：

①体型匀称结实，用手拿起来重量轻，表示水分少，表皮无虫蛀的斑点。

②切开来肉质细白的，观察芋头的切口，切口汁液如果呈现粉质，肉质香脆可口，

为上品；如果呈现液态状，肉质就没有那么好。

（2）初加工方法：削皮、除芽，清洗，浸泡。

（3）刀工处理：刨去皮，切去头尾，改成长 8 厘米、宽 1 厘米的件，适用于扣肉的菜式；改成长 7 厘米、宽 0.3 厘米的中丝状，适用于炒或炸的菜式；改成 2 厘米橄核形，适用于焖的菜式。

（4）常见菜品：芋头扣肉、富贵香芋条、椒盐香芋丝。

小知识

由于芋头的黏液中含有皂甙，能刺激皮肤发痒，因此，在生剥芋头皮时需小心。工作人员可以倒点醋在手中，搓一搓再削皮，就不会出现刺痒的症状了。削了皮的芋头碰上水再接触皮肤，就会更痒了，所以，芋头可不先洗净就去皮，并保持手部的干燥，以减少痒的发生。如果不小心接触皮肤发痒时，涂抹生姜，或在火上烘烤片刻，或浸泡醋水都可以止痒。

5. 山药

山药原名薯蓣、怀山，山药呈圆柱形，有的品种稍扁，长 15～30 厘米，直径 1.5～6 厘米，表面淡黄色，有纵沟及须根痕。山药质坚实，不易折断，用刀切开，断面呈白色，有粉质。河南怀庆府（今温县）所产最佳，谓之“怀山药”。

山药嚼之发黏、微酸。山药切片后晒干，可入药，《本草纲目》中记载，山药有补中益气、强筋健脾等滋补功效。山药也可入菜，常用的烹调方法有煮、拔丝、炒等，如河南当地的名菜“拔丝山药”。山药的主要成分是淀粉，其中的一部分可以转化为淀粉的分解产物糊精，糊精可以帮助消化，所以山药是可以生吃的芋类食品。山药含有多种微量元素，其中，钾、钙、铁的含量较高。山药的主要食用效果：强健机体，滋肾益精；降低血糖和血脂，可用于治疗糖尿病，是糖尿病人的食疗佳品。

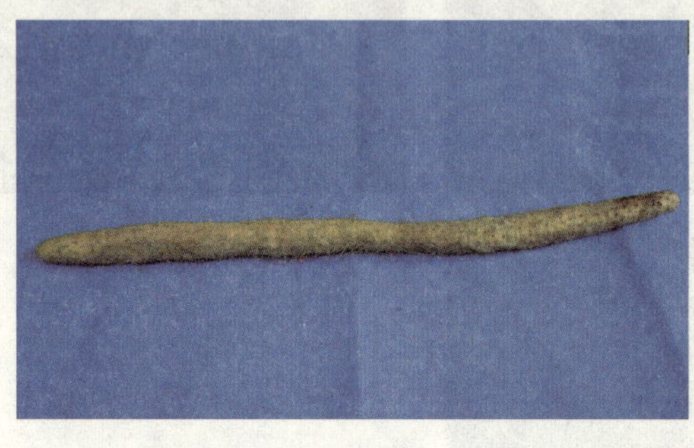

（1）品质鉴别：新鲜的怀山表面淡黄色，有纵沟及须根，手感质地坚实，不易折断，断面有粉质，削皮后有明显的黏手感。

（2）初加工方法：削皮，清洗，切块（片）。

（3）刀工处理：刨去皮，切去头尾，改成长 8 厘米、宽 1 厘米的件，适用于扣肉的菜式；改成 2 厘米榄菱形适用于焖的菜式。

（4）常见菜品：拔丝山药、山药杂粮煲、山药扣肉。

6. 萝卜

萝卜全国都有种植，是一种大众蔬菜，萝卜按皮色可分为白皮萝卜、红皮萝卜、青皮萝卜等，萝卜品种繁多，大小因品种而异，大的萝卜植株有 40～60 厘米高，小的只有 10～20 厘米高。萝卜一般呈圆柱形，表皮光滑，有少许须根，质地脆嫩，水分含量高，可用手掰断。萝卜虽然是大众蔬菜，但是其营养价值却很高，在我国民间有“土人参”之称。萝卜既可生吃鲜食，也可烹调成菜。

萝卜中含有丰富的维生素 C、纤维素、木质素。维生素 C 具有防癌、抗癌作用，生吃萝卜不但能提高人体免疫力，而且具有良好的防癌、抗病作用，这就是民间说的“生吃萝卜治百病”的由来；纤维素可促进肠蠕动，有排毒的作用。

（1）品质鉴别：以肥大，处皮光泽，无腐烂，无伤淤，不抽薹，用手捏不松软，鳞片紧密，切开后辛辣和甜味浓厚者为佳。

（2）初加工方法：削皮，清洗，切块（片）。

（3）刀工处理：

①丝状：刮去毛皮，切去头部，斜切厚约 5 厘米的片状，然后再切成丝状，适用于焖的菜式。

②片状：刮去毛皮，切去头部，切成长 4 厘米、宽 2 厘米、厚 0.4 厘米的“日”字形，适用于滚汤、焖的菜式。

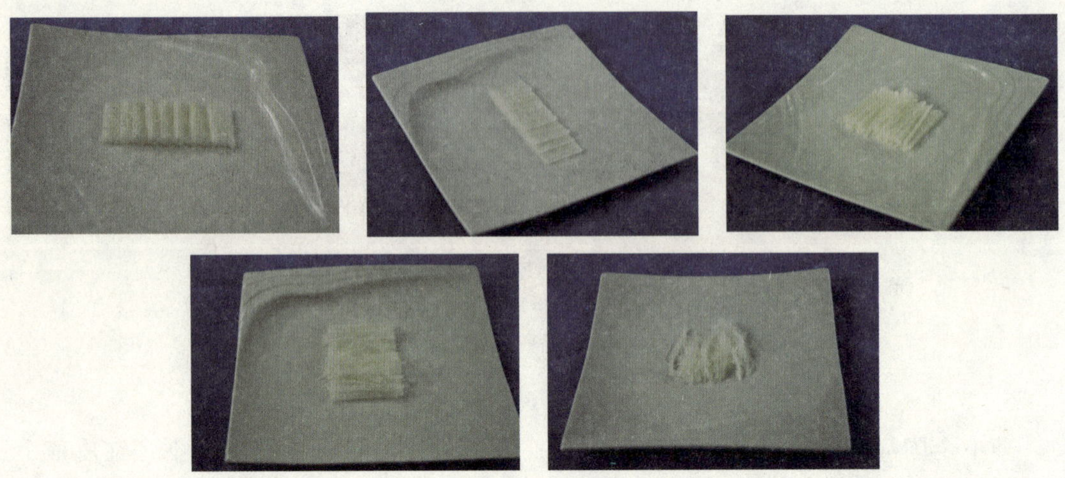

③“旧”状：刮去毛皮，洗净，按约6厘米长短切段，适用于煲汤或焖制的菜式。

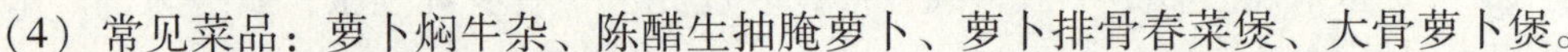

（4）常见菜品：萝卜焖牛杂、陈醋生抽腌萝卜、萝卜排骨春菜煲、大骨萝卜煲。

7. 洋葱

洋葱在我国分布广泛，南北各地均有栽培，主要栽培于福建、山东、甘肃、内蒙古、新疆等地，是中国主要蔬菜之一。洋葱呈扁球形，根茎外边包着一层薄薄的皮（黄或红色），里面是一层一层白色的肥大鳞茎。洋葱肉质柔嫩，汁多，味甜而稍带辣味，适于生食，也可熟食。

洋葱营养价值较高，在国外，洋葱被誉为“菜中皇后”，洋葱含有前列腺素A，能降低外周血管阻力，降低血黏度，可用于降低血压、提神醒脑、缓解压力、预防感冒。此外，洋葱还能清除体内氧自由基，增强新陈代谢能力，抗衰老，是适合中老年人的保健食物。

（1）品质鉴别：以葱头肥大，外皮光泽，无腐烂，无伤淤，不抽薹，用手捏不松

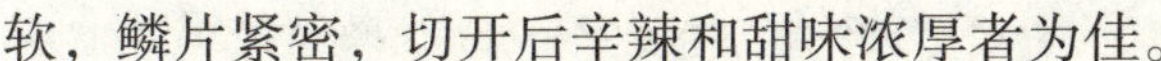

软，鳞片紧密，切开后辛辣和甜味浓厚者为佳。

（2）初加工方法：削皮，清洗，切块（片）。

（3）刀工处理：去头尾，去皮，切成约 3 厘米的件或丝状，多作料头使用，或可作凉拌和小炒菜式。

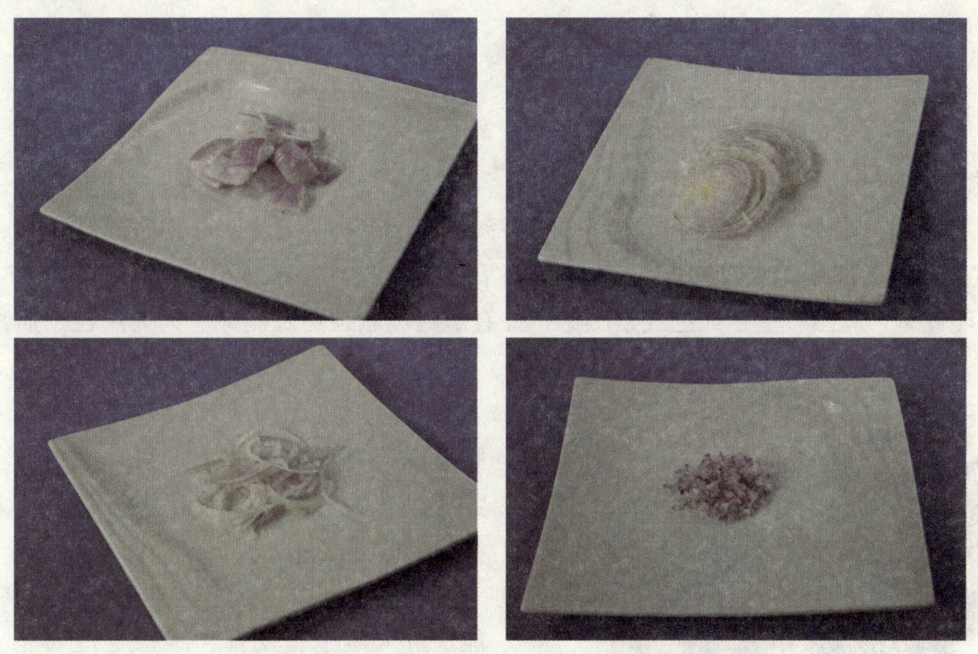

（4）常见菜品：芥末洋葱丝、洋葱西柠软鸡、洋葱豆豉爆炒鸡。

洋葱豆豉爆炒鸡

小知识

洋葱含有大蒜素，有很强烈的刺激味道。切洋葱时，这种味道会刺激人的眼睛，使之流泪。在加工洋葱时，可以从下面几个方面避免这种刺激味道的影响。

第一，洋葱刺激眼睛的混合物并不是直接刺激到眼睛的，而是通过鼻子，所以最简单的办法就是在切洋葱的时候，用纸巾或棉花塞住鼻孔。

第二，在切洋葱前，先把切菜刀在冷水中浸一会儿再切时就不会因受挥发物质刺激而流泪了。

第三，将洋葱对半切开后，先泡一下凉水再切，就不会流泪了。

8. 马蹄

马蹄，又名荸荠、地栗，因它形如马蹄，又像栗子而得名。荸荠原产印度，在我国主要分布于江苏、安徽、浙江、广东等水泽地区。球茎扁圆球形，表面平滑，有3～5个环节圈，老熟后呈枣红色或紫黑色，并有短鸟嘴状顶芽及侧芽，肉为白色，质地脆嫩，多汁而甜。

马蹄去皮后肉质洁白，味甜多汁，清脆可口，自古有“地下雪梨”之美誉。荸荠既可作为水果，又可算作蔬菜，是大众喜爱的时令之品。

马蹄中含的磷是根茎类蔬菜中较高的，能促进人体生长发育和维持生理功能，对牙齿骨骼的发育有很大好处，同时可促进体内糖、脂肪、蛋白质三大物质的代谢，调节酸碱平衡，因此荸荠适于儿童食用。

马蹄质嫩多津，水煎汤汁能利尿排淋，对糖尿病有一定的辅助治疗作用。近年来研究发现荸荠中含有的一种抗病毒物质可抑制流脑、流感病毒，能用于预防流脑及流感的传播。

（1）品质鉴别：个大，表皮呈紫黑色或枣红色，洁净无虫斑，去皮后肉细、味甜、爽脆、无渣。

（2）初加工方法：削皮，清洗，切块（片）。

（3）刀工处理：去皮切成片状或剁成幼粒，适宜作配菜或小炒菜式。

（4）常见菜品：马蹄蒸肉饼、马蹄枝竹焖羊腩、马蹄丝煮虾。

马蹄枝竹焖羊腩

9. 慈姑

慈姑，俗名剪刀草、燕尾草、白地栗，呈圆形或长圆形，上有肥大的顶芽，表面有几条环状节。深秋初冬正是慈姑上市季节，慈姑煮食，味清香，但微苦，与马蹄相比，虽不及马蹄清甜，但是风味相异，各具特色。

慈姑含有丰富的淀粉、蛋白质和多种维生素，富含钾、磷、锌等微量元素，对人体机能有调节促进作用。慈姑含有秋水仙碱等多种生物碱，有防癌、抗癌肿、解毒消痈作用。中医认为，慈姑主解百毒，能解毒消肿，利尿，可用来治疗各种无名肿毒、毒蛇咬伤。

（1）品质鉴别：个大、饱满、肉质白、质坚实者为佳。

（2）初加工方法：削皮，清洗，切块（片）。

（3）刀工处理：去皮，一开二或一开四，也可剁成幼粒，适宜作配菜或焖的菜式。

（4）常见菜品：咖喱慈姑海鲜煲、慈姑焖鹿筋、香煎慈姑饼。

咖喱慈姑海鲜煲

慈姑焖鹿筋

10. 葱

葱的栽培地遍及中国，它是日常厨房里的必备之物。葱根据葱白的长短又分为两个类型：大葱和小香葱。大葱植株高大，葱白洁白而味甜，在北方栽培较多，最著名的是山东章丘，某些品种可以长到 2 米高，葱白长度 1 米左右，味甜质厚，又名山东大葱，河北、河南等省也广泛种植。大葱不但可作调味品，而且能防治疫病。大葱多用于煎炒烹炸。南方地区多食小葱，又叫香葱，多用来做调味品或拌凉菜。

葱作为调料，有解荤、腥、膻以及其他异味作用，在没有异味的菜肴、汤羹中，也能起增味增香的作用。葱也是一种很好的保健食品，它能够健脾开胃，增进食欲，促进消化吸收；此外，还有抗菌、抗病毒的作用。

（1）品质鉴别：叶色青绿，无枯尖和干枯霉烂的叶鞘，不湿水，葱株均匀，完整而不折断，干净无泥，不夹杂异物，无斑点叶及枯霉叶。

（2）初加工方法：去除黄叶、须根，清洗，切段（丝、沫）。

（3）刀工处理：可加工成葱米、葱丝、短葱榄、长葱榄、葱段、葱条、葱花，多作料头使用。

小知识

葱的刺激性香味主要来自葱中含有的烯丙基硫醚，烯丙基硫醚是一种易挥发性物质，能溶于水，因此泡在水里或煮得过久，都会使其效果丧失。因此，有经验的厨师在烹调需要用葱调味的菜品时，常在熄火之后再撒上葱花，就是为了发挥烯丙基硫醚的效果。

11. 生姜

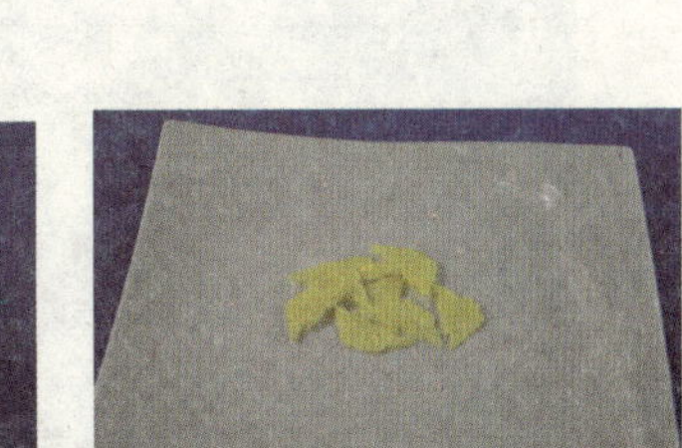

生姜在我国大部分地区都有种植，是一种家庭常备调味食材。生姜呈不规则块状，略扁，呈指状分枝，表面黄褐色或棕色，有环节，顶端有芽。生姜用刀切开，断面呈浅黄色，有纤维分布，生姜含有辛辣和芳香成分，有独特的辛香味。

（1）品质鉴别：优质生姜颜色淡黄，用手捏肉质坚挺，不酥软，姜芽鲜嫩。

（2）初加工方法：去皮洗净。

（3）刀工处理：可加工成姜米、姜花、姜丝、姜片、“姜旧”、“指甲片”，多作料头使用。

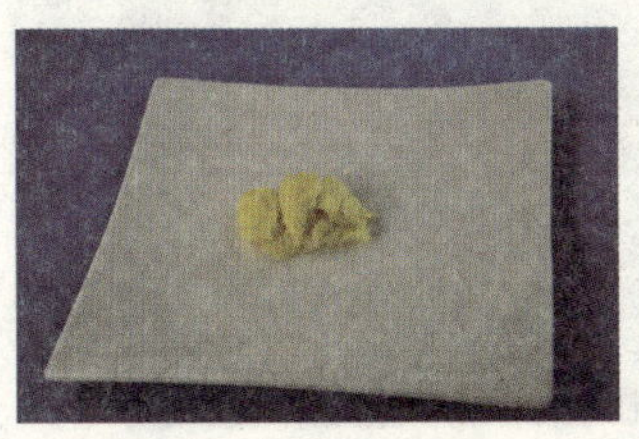

生姜性味辛温，有散寒发汗、化痰止咳、和胃、止呕等多种功效，在民间老幼皆知。生姜在烹调中的作用和用法如下。

（1）混煮提香。炖鸡、鸭等肉时，放入生姜，肉味醇香。

（2）兑汁提味。做甜酸味道的菜时，将姜剁成姜末，与糖醋兑汁烹调或凉拌，可产生特殊的酸甜味。

（3）蘸食去腥。用姜末、酱油、醋、麻油拌汁蘸吃，如吃火锅、清蒸海鲜时，可蘸食去腥。

（4）浸渍返鲜。冷冻的肉类、家禽，在加热前先用姜汁浸渍，可以起到返鲜作用。

12. 蒜头

蒜头又名大蒜，大蒜呈扁球形或短圆锥形，外面有灰白色或淡棕色膜质鳞皮，剥去鳞叶，内有 6 ~ 10 个蒜瓣，轮生于花茎的周围，每一蒜瓣外包薄膜，剥去薄膜，肉质洁白，有浓烈的蒜辣气。

大蒜可食用，可供调味，亦可入药，深受大众喜爱。

（1）品质鉴别：优质蒜头大小均匀，蒜皮完整而不开裂，蒜瓣饱满，无干枯与腐烂，蒜身干爽无泥，不带须根，无病虫害，不出芽。

（2）初加工方法：去皮洗净。

（3）刀工处理：可加工成蒜子、蒜片、蒜蓉。多作料头使用。

大蒜有抗癌、杀菌、降低血脂等功效，其在烹调中的作用如下。

（1）提鲜增味。在菜肴成熟起锅前，放入一些蒜末，可增加菜肴美味。

（2）去腥。在烧鱼、煮肉时加入一些蒜块，可解腥去其异味。

（3）做凉拌菜时加入一些蒜块，既可杀菌消毒，又可使香辣味更浓。

（4）蘸吃。将麻油、酱油等与蒜泥拌匀，可供吃凉粉、饺子时蘸用。

小知识：如何剥蒜

在酒店食肆，剥蒜皮是一件每天都要做，并且非常枯燥的工作，下面几个方法可以帮你快速剥去蒜皮。

1. 用刀按一下

把蒜用刀面使劲按一下，迫于压力，它的外衣就会随着蒜自身的破裂而裂开，蒜皮也很容易下来。

2. 放水里

把蒜放到水里后剥去它的皮比较容易，而且手不会感到辛辣无比。

3. 切

直接把蒜拦腰切一刀，也是可以很容易就褪掉蒜衣的，切的位置有很多种，可以直接切掉头部的梗，或者横、竖中间切。

第三节 花果类原料加工

一、花菜类原料初步加工方法

花菜类是指以花作为烹调原料的蔬菜，常用的有花菜、黄花菜、韭菜花等，其特点是质嫩而易于消化。加工方法是将菜花去根和叶，洗净；黄花菜去蒂；韭菜花是韭菜苔上的花蕊，一般腌后食用。

二、花菜类原料初步加工实例分析

1. 菜花

菜花，又叫花椰菜，它们由十字花科甘蓝演化而来。菜花原产于地中海东部海岸，约在19世纪初清光绪年间引进中国。菜花为十字花科植物，菜花根上生叶，叶上长主茎及支茎，茎上长满小颗粒组成花状，整体很像一个大花朵，洁白美观。菜花肉质细嫩，味甘鲜美。

菜花的主要营养价值：菜花是含有类黄酮最多的食物之一，类黄酮除了可以防止感染外，还是最好的血管清理剂，能够阻止胆固醇氧化，防止血小板凝结成块，因而可以减少心脏病与中风的危险；补充维生素K，有些人的皮肤一旦受到小小的碰撞和伤害就会变得青一块儿紫一块儿的，这是体内缺乏维生素K的缘故。补充维生素K的最佳途径就是多吃菜花。

(1) 品质鉴别：优质菜花，花球洁白，色泽鲜嫩，花球紧实，握之有重量感，无机械损伤，球面干净，无玷污，无虫害，无霉斑。

(2) 初加工方法：择去叶，去老梗，浸洗干净。

(3) 刀工处理：切头、去老梗，留菜花，一般不经刀工，分成小块，也有开成四边的，按5厘米宽切，适用于炒的菜式。

(4) 常见菜品：菜花炒鱼丸、菜花煎带骨牛扒。

2. 黄花菜

黄花菜又名金针菜、安神菜等，分布较广。黄花菜是著名的观赏花卉，又是有名的佳蔬良药。其花蕾味鲜质嫩，营养丰富，含有丰富的花粉、糖、蛋白质、维生素C、钙、脂肪、胡萝卜素、氨基酸等人体所必需的养分。黄花菜性味甘凉，有止血、消炎、

清热、利湿、消食、明目、安神等功效，是一种深受人们喜爱的传统蔬菜。

（1）品质鉴别：优质黄花菜菜色黄亮，身长粗壮，紧握手感柔软，有弹性，松开后很快散开，有清香味，无花蒂，未开花。

小知识：绿色天然黄花菜与硫黄熏制后的黄花菜的区别

商家为了谋利，会将劣质的黄花菜用硫黄熏制，以次充好。正常的黄花菜颜色是金黄色或棕黄色，而经过硫黄熏制后的黄花菜是嫩黄色，比正常的黄花菜颜色淡；正常的黄花菜颜色均匀，而熏制后的黄花菜颜色不均匀；用鼻子闻，正常的黄花菜应该具有黄花菜自身的香味，而熏制后的有刺激性气味。纯正绿色天然黄花菜，一根黄花菜必须头尾黑色，中间黄白色，细看黄花菜表面无杂质，无白色粉末，闻起来有清香味道，取一根黄花菜咀嚼，有甜味。

（2）初加工方法：择去老叶、黄花，浸洗干净。

（3）刀工处理：切头、留原棵菜花。

（4）常见菜品：金银蛋上汤浸黄花菜、黄花菜排骨汤、黄花菜炒肉片、干椒爆炒黄花菜。

黄花菜排骨汤

黄花菜炒肉片

3. 韭菜花

韭菜花，又名韭花，是秋天里韭菜上生出的白色花簇，多在欲开未开时采择，磨碎后腌制成酱食用，农家多称之为“韭菜花”。韭菜花是中国南北城乡普遍食用的一种蔬菜，民间做法是将韭花洗净后上碾子碾成细末，与辣椒、盐等拌均匀，然后封坛腌制，几天后即可食用，微辣中韭香四溢。

韭菜花有生津开胃、增强食欲、促进消化的作用。

（1）品质鉴别：花茎深绿，花洁白，无污损。

（2）初加工方法：择去老叶、黄叶，浸洗干净。

（3）刀工处理：切头、切去尾部菜花、去老梗，按 5 厘米或 2 厘米宽切成段。适用于炒的菜式。

（4）常见菜品：韭菜花炒猪大肠、韭菜花豆干炒咸肉。

二、瓜果类

瓜果类指以果实为烹调原料的蔬菜，又分为瓜果和茄果两类。

瓜果包括南瓜、冬瓜、丝瓜、黄瓜等。加工方法：刨去外皮，挖去瓜瓤洗涤；嫩的黄瓜只要洗净外皮上的泥土即可。

茄果包括番茄、茄子、辣椒等。加工方法：一般是去掉皮、籽、蒂等洗净。

1. 冬瓜

我国南北各地均有栽培，冬瓜一般呈长圆形，皮绿色，果肉肥厚洁白，疏松多汁。冬瓜在河南、湖北等地区种植比较多，是秋冬季节主要的蔬菜品种。南方地区，如广东、广西等地区，四季均有冬瓜上市，冬瓜汤、冬瓜盅是酒店必不可少的菜品。

冬瓜含维生素 C 较多，且钾含量高，钠盐含量低，冬瓜中所含的丙醇二酸，能有

效地抑制糖类转化为脂肪，因此，冬瓜有减肥降脂、改善血糖水平的功效。中医认为，冬瓜有清热化痰、消肿利湿的作用，广东地区居民对此认识深刻，在夏季，冬瓜薏米大骨汤、冬瓜海带排骨汤是广东地区居民家庭餐桌上的常客，解暑消夏，去湿消热。

（1）品质鉴别：皮色青绿，带白霜，形状端正，表皮无斑点和外伤，皮不软、不腐烂，发育充分，肉质厚而结实。

（2）初加工方法：原个浸洗干净。

（3）刀工处理：冬瓜用途甚广，因而加工成型也较多。

①瓜盅：在无破伤有皮冬瓜近蒂部分约 24 厘米高处切断，在刀口处刨斜边，至见白肉为止，用刀刻锯齿形，然后挖去瓜瓤成盅形（可在瓜皮刻图案），用于原只炖的菜式。

②瓜件：将冬瓜去皮、去瓤，改成约 20 厘米方件，然后去四角（亦可改成“柳叶”形或“蝴蝶”形等图案），用于炖的菜式，如“白玉藏珍”等。

③棋子瓜：将冬瓜去皮、去瓤洗净，改成约 3 厘米直径的圆条，再切成厚约 2 厘米的“棋子”形（若用于名贵的菜式可改成“梅花”形），适用于纹火炖的菜式。

④瓜脯：将冬瓜去皮、去瓤，洗净，改成“海棠叶”形或其他形状。若用于作火腿夹冬瓜，改成约长 8 厘米、宽 4 厘米的“日字”形（或“蝴蝶”形），在侧面界入 3/4 夹火腿。适用于扒的菜式。

⑤瓜粒：去皮、去瓤，洗净后先开条，后切成边长 1 厘米的方粒。适用于滚汤。

⑥瓜蓉：去皮、去瓤，洗净后用工具，磨成蓉状（亦可把冬瓜肉放于汤水中，蒸后用手搓成幼蓉状）。适用于烩羹的菜式。

（4）常见菜品：冬瓜排骨汤、冬瓜罗汉斋、白玉藏珍。

冬瓜排骨汤

白玉藏珍

2. 南瓜

因产地不同，叫法各异，有番瓜、倭瓜、金冬瓜之称，如我国河南地区叫倭瓜，台湾话称为金瓜。南瓜原产于北美洲，传入我国后，各地均有栽培，是夏、秋季节的瓜菜之一。在西方，南瓜已经形成一种文化，如南瓜灯是庆祝万圣节的标志，复活节要用来做成南瓜派，南瓜甜饼是家常甜心之一。南瓜也深受我国人民喜爱，常被用来做菜、汤，也可以做成各种点心，如喜闻乐见的南瓜饼等。

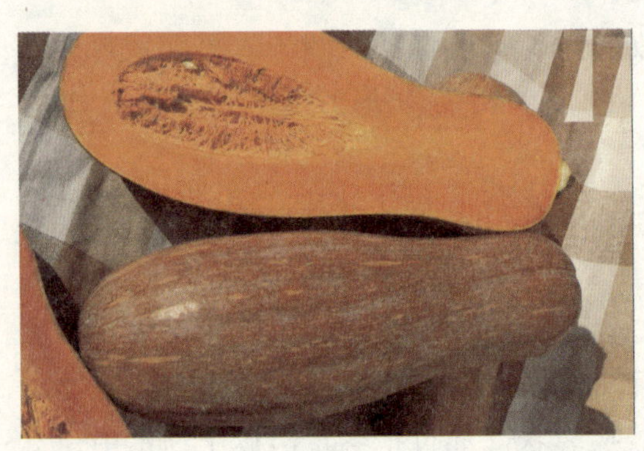

南瓜含有淀粉、蛋白质、胡萝卜素、维生素 B、维生素 C 和钙、磷等成分，其营养丰富。南瓜内含有果胶，有很好的吸附性，能黏结和消除体内细菌毒素和其他有害物质，如重金属中的铅、汞和放射性元素，起到解毒作用；南瓜中的果胶还可以保护胃肠道黏膜，使其免受粗糙食品刺激，促进溃疡面愈合，适宜于胃病患者。南瓜还含有丰富的钴，在各类蔬菜中含钴量居首位。钴能活跃人体的新陈代谢，促进造血功能，并参与人体内维生素 B_{12}的合成，是人体胰岛细胞所必需的微量元素，对防治糖尿病、降低血糖有特殊的功效。

（1）品质鉴别：表皮粗糙、坚硬，无虫咬或划伤；切开后，南瓜果肉细密结实，南瓜瓤的颜色为金黄色，瓜子饱满。

（2）初加工方法：去皮洗净。

（3）刀工处理：适用于扒、焖、酿、煲的菜式。

①瓜脯：选用鲜嫩的南瓜，将其去毛皮，切去头部，开边，挖去中间瓜瓤，用刀在瓜肉表面改“井”字花纹，适用于扒的菜式。

②瓜环：选用细条的瓜，去毛皮，切去头部，按长 2 厘米切段，挖去瓜瓤，适用

于酿的菜式。

③丝状：刮去毛皮，切去头部，斜切厚约 5 厘米的片状，然后切成丝状，适用于焖的菜式。

④片状：刮去毛皮，切去头部，切成长 4 厘米、宽 2 厘米、厚 0.4 厘米的“日”字形，适用于滚汤、焖的菜式。

⑤“旧”状：刮去毛皮，洗净，按长约 6 厘米切段，适用于煲汤的菜式。

（4）常见菜品：南瓜蒸排骨、烧南瓜、南瓜庆丰鸡。

南瓜庆丰鸡

小知识：如何挑老南瓜

在南方地区，南瓜以“老”为优，老南瓜淀粉、糖、纤维含量高，是大部分菜品的首选。如何挑“老”南瓜呢？可以从以下几点入手。

1. 掐外皮

用大拇指的指甲稍稍用力掐一下南瓜的外皮，如果感觉南瓜外皮比较坚硬，那么，这样的南瓜就是老南瓜；反之，如果一掐就破，则证明成熟度不够，这样的南瓜口感较差。

2. 摸茎部

南瓜上一般会连着一小段茎，这样的南瓜比较易于保存，用手摸、掐一下这段茎部，如果感觉非常硬，几乎像木头一样，就证明南瓜采择的时机比较合适，成熟度好。

3. 拍一拍

将南瓜托在一只手上，用另一只手去拍，如果声音发闷，感觉南瓜的内部结构非常紧实，就证明南瓜的成熟度比较好。

4. 掂一掂

相同大小的南瓜，挑选的时候，选沉重的那一个。较沉重的南瓜，成熟度更好。

5. 看外皮

挑选时，要选择外形完整的南瓜，如果有腐烂变质的情况，就不要选购。不过，有机种植的南瓜，外皮难免会有一些小小的斑点甚至是凸起，这是因为，南瓜在生长的过程中可能会受到虫咬或划伤，这时，南瓜就会分泌出少量的黏液来保护伤口，一段时间以后，这些黏液会凝固变硬，南瓜的外皮上就会出现一个小斑点或凸起，但这并不影响食用。

6. 看瓜瓤

将南瓜切开时，南瓜瓤非常坚硬的，制作成熟以后，口感会又面又沙，而且甜度高。南瓜瓤的颜色多为金黄色，颜色较深的，成熟度高；反之，如果颜色浅浅的，就证明成熟度不够。另外，瓜子饱满也是南瓜成熟度高的表现之一。

3. 丝瓜

丝瓜在我国南、北各地均有栽培。丝瓜有食用和非食用两种，在我国北方，人们种植丝瓜，等其成熟后晒干，里面的网状纤维称丝瓜络，可代替海绵用来洗刷灶具及家具，是非食用的。食用丝瓜的主要品种是棱丝瓜，这种丝瓜的果实形状如黄瓜，表

面有凸起的棱，食用时削去棱和皮，果肉鲜嫩多汁，口感爽滑，是人们喜爱的日常蔬菜。

丝瓜营养丰富，含有大量的维生素、矿物质、植物黏液、木糖胶等物质，因此，民间有常吃丝瓜可美容的说法。丝瓜籽可入药，中药名为“乌牛子”，有清热化痰、润燥、驱虫等功效，用于咳嗽痰多、蛔虫病、便秘等病症。

丝瓜去皮后容易被氧化，可以在削皮后用水淘一下，用盐水过一过或者是用开水焯一下，去除氧化酶。因此，丝瓜烹饪时多切块，并且要快切快炒。

（1）品质鉴别：外观鲜嫩、结实、光亮，皮为嫩绿或淡绿色；瓜身长而直，顶端比较饱满，但无臃肿感；用手轻弯易断，断面洁白，有汁液渗出。

（2）初加工方法：切头、切尾、刨去棱边洗净。

（3）刀工处理：适用于炒、滚汤、扒的菜式。

①瓜脯：切头、切尾、刨去棱边，留瓜青，开成四边，去瓜瓤，按 7 厘米宽切成段，适用于扒的菜式。

②瓜件：与瓜脯的加工方法相似，按长 4 厘米、宽 2 厘米切成“日”字形或菱形，适用于炒的菜式。

③瓜粒：去头尾、去棱边、开边去瓜瓤，改长、宽各为 1 厘米的方形或菱形，适宜于滚汤或炒丁的菜式。

（4）常见菜品：蚝仔豆豉蒸丝瓜、水煮双瓜、丝瓜焖牛柳。

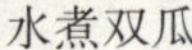

水煮双瓜　　丝瓜焖牛柳

4. 黄瓜

黄瓜是西汉时期张骞出使西域时带回中原的，称为胡瓜、青瓜，全国各地均有栽培。黄瓜可以在温室种植，是主要的温室产品之一，目前市场上一年四季都有供应。黄瓜口感脆嫩多汁，可作为水果生吃，北方居民常用来凉拌，是夏、秋季节餐桌上的常客，黄瓜也可切片炒，如南方地区的黄瓜炒肉片。

黄瓜富含维生素 E、维生素 C，是抗衰老、美容的良品，黄瓜中的黄瓜酶有很强的生物活性，能有效地促进机体的新陈代谢，广大女青年常把黄瓜切片，或者用黄瓜捣汁涂擦皮肤，有润肤、舒展皱纹的功效。

（1）品质鉴别：鲜嫩带白霜，以顶花带刺为最佳，瓜体直，均匀整齐，无折断损伤，皮薄肉厚，清香爽脆，无苦味，无病虫害。

（2）初加工方法：切去头部，洗净。

（3）刀工处理：①丝状：切去头部，斜切厚约 5 厘米的片状，然后再切成丝状，适用于凉拌的菜式。

②片状：切去头部，一开四成长条形，斜切厚约 0.3 厘米的“日”字形，适用于炒的菜式。

③“旧”状：洗净，按约 6 厘米长切段，适用于煲汤的菜式。

（4）常见菜品：凉拌黄瓜皮蛋、黄瓜焖海鱼柳、黄瓜炒凤冠。

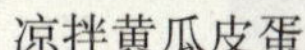
凉拌黄瓜皮蛋

黄瓜炒凤冠

5. 西红柿

西红柿，别名番茄，最早生长于南美洲的秘鲁和墨西哥，是一种生长在森林里的野生浆果，后经人工种植，形成多个品种。我国常见的番茄主要有两类：一类是大红番茄，糖、酸含量都高，味浓；另一类是粉红番茄，糖、酸含量都低，味淡。番茄浆果呈扁球状或近球状，肉质厚而多汁，皮光滑有光泽。番茄具有特殊风味，酸甜可口，汁多肉嫩，可生吃、凉拌、炒，也可做汤，如番茄蛋花汤等。

番茄营养丰富，常食用番茄可起到健胃消食、增进食欲的功效。番茄中维生素 A、维生素 C 的比例合适，所以常吃番茄可增强血管功能，预防血管老化。红色番茄中所含的番茄红素具有独特的抗氧化作用，可清除体内的自由基，预防心血管疾病的发生，具有很强的抗氧化功效和预防癌症功能。番茄中的类黄酮，既有降低毛细血管的通透性和防止其破裂的作用，还有预防血管硬化的特殊功效。

（1）品质鉴别：果实整体圆滑，无损伤，无虫斑，用手捏果实稍发软，果肉鲜红多汁，籽呈土黄色。

（2）初加工方法：去蒂，洗净。

（3）刀工处理：一开二切成半月形，然后斜切成件，适宜滚汤或炒、焖菜式，也可切片或做成盅，装饰菜品用。

（4）常见菜品：番茄炒蛋、番茄八宝蔬、番茄拼酿白鲜球。

番茄炒蛋

小知识：全红番茄发硬不要买

番茄果实成熟后全身通红，但是用手摸起来感觉果实发软，不利于运输和保存。因此，市场上所售的番茄，多是“催熟”的，在未完全成熟的果实周围涂抹“催熟”物质，这种物质叫“乙烯”，乙烯是一种植物的生长激素，本来番茄本身含有乙烯，其成熟过程靠自身体内的乙烯来完成，人为加入乙烯之后，对番茄的成熟可以起到“催促”的作用。判断自然成熟番茄和“催熟”番茄的方法如下。

1. 从外观上来分辨

通常，经过催熟的番茄果实着色特别均匀，整个果实均为红色，果蒂部很

少看到绿色，摸起来有硬芯。自然成熟的番茄着色并不均匀，常有红绿色相间的果蒂，果实摸上去手感稍软。

2. 从果实内部观察

将番茄掰开后，催熟的番茄往往无籽或籽呈绿色，果肉少汁；自然成熟的番茄籽呈土黄色，果肉红色，而且多汁。

3. 口感的区别

催熟的番茄食而无味，口感发涩；自然成熟的吃起来是“沙”的，酸甜适中。

6. 茄子

茄子，广东人称为茄瓜，最早产于印度，公元4—5世纪传入中国。茄子皮呈紫色或紫红色，是为数不多的紫色蔬菜食品，我国南北都有种植，北方的茄子以圆形或椭圆形为多，个大肉厚，适合红烧和炖，南方的茄子以长条形为主，肉质稍松软。茄子是家常蔬菜之一，如在广东地区，鱼香茄子煲被民间称为“送饭菜”，意思是菜品浓香可口，适合下饭。

茄子含有蛋白质、脂肪、碳水化合物、维生素以及钙、磷、铁等多种营养成分。特别是维生素P，含量很高，紫色茄子中含量更高，维生素P可以抑制消化道肿瘤细胞的增殖，因此茄子是现代公认的健康食品。

（1）品质鉴别：优质茄子果形均匀、皮薄、肉厚、细嫩，无裂口、腐烂、锈皮、斑点。

（2）初加工方法：去蒂，洗净。

（3）刀工处理：适用于焖、蒸、酿的菜式。

①瓜条：将瓜去头尾，刨去皮，开边，改成长7厘米、宽2厘米的方条，适用于焖或蒸的菜式。

②瓜夹：去头尾，刨去皮，斜切成3厘米厚的双飞件，适用于酿的菜式。

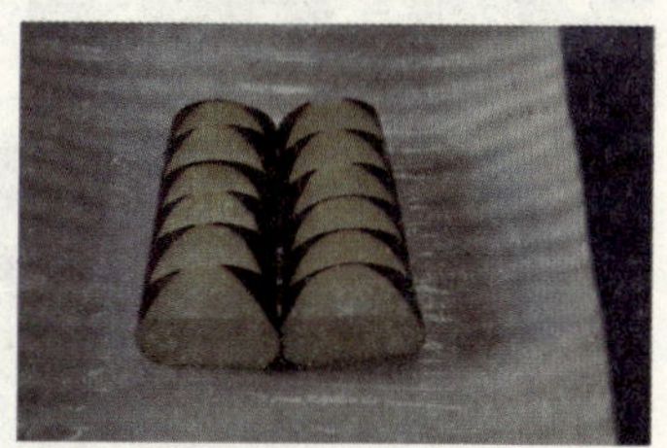

（4）常见菜品：鱼香茄子煲、木鱼花酿茄夹、煎酿茄子、蒜香茄粒爆肥牛。

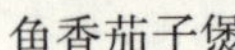

鱼香茄子煲

木鱼花酿茄夹

7. 苦瓜

苦瓜又名凉瓜，原产地为中国，苦瓜是南方地区人们喜爱的一种蔬菜，其果实为长圆形，表面具有多个不整齐瘤状凸起，种子藏于肉质果实之中，成熟时有红色的囊裹着，不可食用。苦瓜以色青未成熟时为佳，此时，苦瓜色青绿，味苦，但苦中有甘，爽口不腻。

中医认为苦瓜味苦、无毒、性寒，具有清热祛暑、明目解毒、降压降糖的作用。苦瓜中的苦瓜甙和苦味素能增进食欲，健脾开胃；苦瓜中还含有生物碱类物质奎宁，有利尿活血、消炎退热、清心明目的功效。因此，苦瓜是夏季人们餐桌上的常客。

（1）初加工方法：去蒂，洗净。

（2）刀工处理：适用于炒、酿、焖的菜式。

①炒：将苦瓜开边，去瓤，切去头尾，然后斜刀切成片。

②酿：将苦瓜切去头尾，按 1.5 厘米长切成段，挖去瓜瓤。

③焖：将苦瓜开边、去瓤、去头尾，然后切成长 4 厘米、宽 2 厘米的“日”字形。

（3）常见菜品：凉瓜炒牛肉、凉瓜炒蛋、凉瓜百合煎牛仔肉。

凉瓜炒牛肉

凉瓜炒蛋

三、豆类

常用的有青豌豆、蚕豆、四季豆、豇豆等。加工方法：弃去豆荚而食用其豆米的，可剥去外壳，取出豆米，然后放入清水中洗净；荚、豆全部食用的，则须掐去蒂和顶尖，同时撕去边筋，再用清水洗涤干净。

1. 青豌豆

豌豆原产于地中海沿岸，我国在汉朝就有种植豌豆的记载。豌豆在我国主要分布在中部、东北部等地区，如四川、河南、湖北、江苏、青海、江西等省。豌豆的嫩荚、青豆粒、藤苗都可以入菜：豌豆嫩荚在刚长出豌豆粒时，爽脆微甜，常用来炒；豌豆的藤苗晶莹翠绿，也是餐桌上的常客；青豌豆豆粒圆润鲜绿，十分好看，也常被用来作为配菜的原料，以增加菜肴的色彩，促进食欲，但是成熟晒干后的豌豆粒只能磨成豌豆粉，制作糕点使用。

豌豆中富含粗纤维，能促进大肠蠕动，保持大便能畅，起到清洁大肠的作用。而豆苗中含有较为丰富的膳食纤维，可以防止便秘，有清肠作用。

（1）品质鉴别：豌豆椭圆、扁圆，颗粒饱满、无皱缩，颜色青绿、无褐斑。

（2）初加工方法：去蒂和顶尖，撕去边筋，清洗。

（3）刀工处理：一般不经刀工，整条入菜，适合炒、焖菜式。

（4）常见菜品：豌豆红枣炒双宝、干煸豌豆、豌豆炒鱼卷。

2. 蚕豆

蚕豆，又叫胡豆、佛豆，相传为西汉张骞自西域引入，以四川最多，其次为云南、湖南、湖北、江苏、浙江、青海等省。蚕豆豆粒扁而肥大，皮稍厚，江南一带，人们喜欢在立夏时节食豆，因此，又称作立夏豆，而且在立夏前后，几乎是家家户户都吃蚕豆，不少人家还将蚕豆跟大米饭一锅煮，称为“蚕豆饭”。蚕豆色青绿，可用来配菜装饰，也可作为主料入菜，是粮菜兼用的优质原料。

蚕豆中有大量的蛋白质，并且氨基酸种类齐全，特别是赖氨酸含量非常丰富。蚕豆中还含有较丰富的膳食纤维、叶酸和维生素 A，因此，传统医学认为它有益气健脾、利湿消肿的功效。蚕豆也是抗癌食品之一，对预防肠癌有一定作用。

（1）品质鉴别：蚕豆外形扁平，有一点儿向内凹陷，颗粒饱满，色均匀，无异味。

（2）初加工方法：原粒洗净。

（3）刀工处理：在顶部浅切一刀，适宜焖的菜式。

（4）常见菜品：鲜蚕豆炒花蛤肉、盐水拌蚕豆、蚕豆香炒饭。

鲜蚕豆炒花蛤肉

蚕豆香炒饭

3. 四季豆

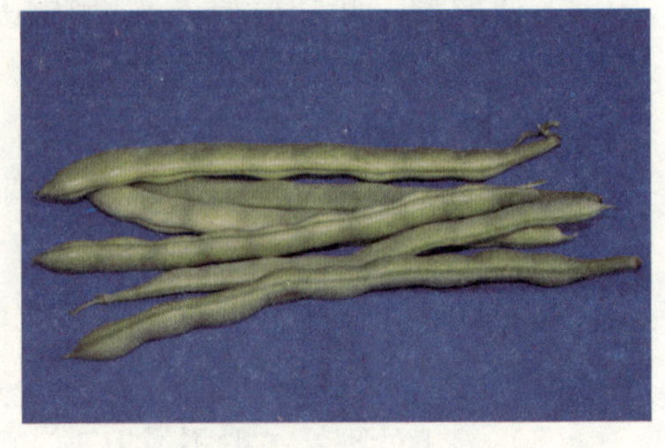

四季豆又名芸豆、芸扁豆、豆角等，在我国北方叫豆角，在四川等地叫作四季豆等。四季豆无论是单独清炒，还是和肉类同炖，或是焯熟凉拌，都深受人们的喜爱，是餐桌上的常见蔬菜之一。

中医认为，四季豆性甘、淡、微温，有调和脏腑、安养精神、益气健脾、消暑化湿和利水消肿的功效。

（1）品质鉴别：豆荚呈翠绿色、饱满，豆粒呈青白色或红棕色，有光泽，鲜嫩清

香，无虫斑，无污损。

（2）初加工方法：去蒂和顶尖，撕去边筋，清洗。

（3）刀工处理：切去头部、尾部，切成6厘米的段，适宜炒制菜式。

（4）常见菜品：酱油花肉焖四季豆、四季豆榄菜炒花蛤、肉碎干煸四季豆。

酱油花肉焖四季豆

小知识：四季豆的毒性处理

四季豆中含有皂素、胰蛋白酶抑制物，会强烈刺激消化道、肠胃，而且四季豆中含有凝血素，具有凝血作用。因此，人们如果食用了未完全煮熟的四季豆，会引起食物中毒，出现胃肠炎症状，如恶心、呕吐、腹痛和腹泻，另有头晕、头痛、胸闷、出冷汗以及心慌，胃部有烧灼感症状。在加工、烹制四季豆时，要特别留意。常用的预防措施主要有以下几点。

（1）在初加工时，应将豆筋和头尾择除，这些部位有毒物质含量最高，并且还影响菜品的口感、不易消化。

（2）用清水浸泡20分钟后再烹调食用，能有效溶解大部分有毒物质。

（3）为了防止出现四季豆中毒，一定要将四季豆煮透、煮熟，以破坏其中所含的毒素。

4. 豇豆

豇豆俗称角豆、姜豆、带豆、挂豆角。豇豆原产于印度和缅甸，我国南方、中部地区均有种植，并且豇豆保鲜技术比较成熟，全国各地市场都可以见到其身影。豇豆的豆荚长而像管状，质脆，豆籽排列分布其中，豇豆食嫩不食老，完全成熟后豆荚瘦而柴，失去其原有的食用价值，豇豆在其籽室没有完全成熟时即可采择，此时豆荚肉质肥厚，色翠绿，炒食脆嫩爽口。豇豆可烫后凉拌，是河南、四川民间的下酒小菜，豇豆还可以腌泡，制成酸豆角，深受南方人喜爱，如名满天下的广西桂林米粉，酸豆角是不可少的。

豇豆含丰富的维生素 B、维生素 C、植物蛋白质和磷脂，其所含的磷脂可促进胰岛素分泌，是糖尿病人的理想食品。李时珍称“此豆可菜、可果、可谷，备用最好，乃豆中之上品”。

（1）品质鉴别：豆荚长而直，翠绿色、饱满，豆室没完全成型，有光泽，无虫斑，无污损者为佳。

（2）初加工方法：去蒂和顶尖，清洗。

（3）刀工处理：切去头部、尾部，切成长 6 厘米或 2 厘米的段，适宜炒制菜式。

（4）常见菜品：豆角穿酿虾球、豆角炒粒粒、豆角焖鱼崧。

豆角穿酿虾球

豆角炒粒粒

第四节　菇菌类原料加工

一、菇菌类原料初步加工方法

食用菌是指可供人类食用的大型真菌。具体地说，食用菌是指真菌中能形成大型子实体或菌核并能供食用的菌类，广义的食用菌也包括那些有药用价值或其他经济价值的种类，有时被统称为“大型经济真菌”。目前已知的有 2000 多种，国内广泛食用的有 20 多种，如香菇、金针菇、草菇、茶树菇、鸡腿菇等。

食用菌按其生长方式可分为寄生、互生、腐生 3 种；在餐饮行业，我们经常按加工方法将其分为鲜品、干品、腌制品、罐头 4 类。

食用菌是一种营养丰富的健康食品，有着独特的鲜美滋味，为发挥每种菌类的优势，食用菌也有不同的烹调加工方法。食用菌在烹饪中的应用主要有下面几点。

（1）可作为菜品的主料或配料。

（2）可作为菜品的馅心用料。

（3）可作为提鲜增香的用料。

（4）可作为配色、配形的用料。

二、菇菌类原料初步加工实例分析

1. 香菇

香菇又名香蕈、冬菇等，它含有一种特有的香味物质——香菇精，形成了独特的菇香，所以称为“香菇”。香菇是一种高营养、低脂肪的保健食品。它由于营养丰富，香气沁脾，味道鲜美，素有“菇中之王”、“蘑菇皇后”的美称，为“山珍”之一，也是世界上著名的食用菌之一，素有“植物皇后”之誉。

香菇生长在冬季（立冬后至来年清明前），主要产地在浙江、福建、江西、安徽等省的山林地带，现在可人工种植。香菇菌盖呈伞形，直径3～6厘米，表面呈黄褐色或黑褐色，菌褶白色，菌柄黄色，并生有棉毛状的白色鳞片，干燥后不明显。香菇味鲜而香，为优良的食用菌。

香菇含丰富的维生素D和氨基酸，其蛋白质里包含18种氨基酸，人体必需的8种氨基酸里，香菇就占了7种，并且多属L型氨基酸，活性高，易被人体吸收，这也是香菇风味鲜美的原因所在。据实验，香菇有增强细胞免疫和体液免疫、提高机体抗癌能力的作用。

（1）品质鉴别：菇伞肥厚，伞缘曲收，内侧为乳白色，皱褶明显，菇柄短而粗，菇苞未开且菇肉厚实者为上品。有些菇面呈裂开状，认清其裂痕是否为天然生成，若是人为切割则为赝品。

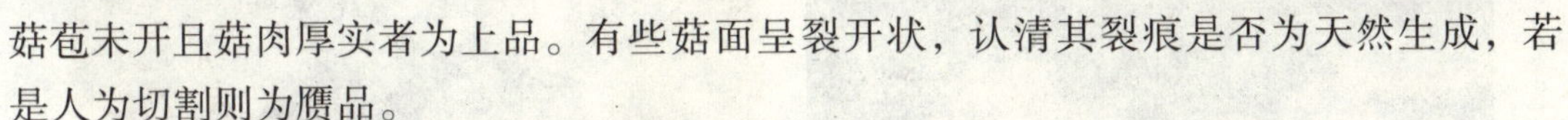

（2）初加工方法：去菇蒂，洗净。

（3）刀工处理：一开二切成件，宜炖、煲汤，炒、焖。

（4）常见菜品：冬菇扣海螺片、冬菇焖鹅掌、大盘煎酿冬菇。

冬菇扣海螺片

冬菇焖鹅掌

小知识：香菇与花菇的区别

初学者往往认为香菇和花菇是两种不同的菇种，其实都属香菇。香菇一般分为花菇、冬菇及香信，花菇是“菌中之星”，少之又少，冬菇次之，香信是挑选花菇、冬菇后剩下的余料，质量比花菇、冬菇差，但作肉类的配菜也美味可口，且价格便宜，既经济又实惠。

花菇因顶面有花纹而得名，花菇的顶面呈现淡黑色，菇纹开暴花，白色，菇底呈淡黄色。花菇是现代才发展起来的一种食用菌新秀，它是在生产过程中通过控制温度、湿度、光照和通风等自然条件，人为改变正常的生长发育，使菌盖形成褐白相间的花纹而形成的。天气越冷，花菇的产量越高，质量也越好，花菇对温度的条件要求较高，只有达到相应的温度，才能成功地变为花菇。如果温度条件不满足，则很容易失败，因此，花菇较稀少，价格昂贵。花菇肉厚、细嫩、鲜美，食之有爽口感。

冬菇的质量仅次于花菇。冬菇顶面呈黑色，菇底褶淡黄色，肉比较厚，肉质比较细嫩，食之脆口、鲜美。

香信是香菇中最低级的品种。香信是全部散开的，或大半是散开的，肉较薄，也不那么细嫩，也不很爽口，质量比花菇、冬菇差得多，但是香信价格便宜，既经济又实惠。

2. 金针菇

金针菇，学名毛柄金钱菌，是秋冬与早春栽培的食用菌，因其菌柄细长，似金针菜，故称金针菇。金针菇在自然界广为分布，在中国，北起黑龙江，南至云南，东起江苏，西至新疆均适合金针菇的生长。金针菇不含叶绿素，不具有光合作用，不能制造碳水化合物，

完全可在黑暗环境中生长，但必须从培养基中吸收现成的有机物质，为腐生营养型，是一种异养生物。野生的金针菇多生长在柳、榆、白杨等阔叶树的枯树干及树桩上。

金针菇不但味道鲜美，而且营养丰富，是拌凉菜和火锅食品的原料之一。金针菇氨基酸的含量非常丰富，高于一般菇类，尤其是赖氨酸的含量特别高，赖氨酸具有促进儿童智力发育的功能；金针菇可抑制血脂升高，降低胆固醇，防治心脑血管疾病。食用金针菇具有抵抗疲劳、抗菌消炎、消除重金属盐类物质、抗肿瘤的作用。金针菇适合气血不足、营养不良的老人、儿童、癌症患者、肝脏病及胃、肠道溃疡、心脑血管疾病患者食用。

（1）品质鉴别：子实体生长整齐，菌盖小、不开伞，颜色纯白，无杂质，无霉变。

（2）初加工方法：原条洗净。

（3）刀工处理：切去根部即可，适合白灼、滚汤、炒制菜式。

（4）常见菜品：鱼米鲍鱼金菇卷、金菇煮肥牛、芥末凉拌金针菇。

鱼米鲍鱼金菇卷

金菇煮肥牛

3. 草菇

草菇起源于广东韶关的南华寺中，300 多年前我国已开始人工栽培，约在 20 世纪 30 年代由华侨传入世界各国，是一种重要的热带、亚热带菇类，是世界上第三大栽培食用菌。我国草菇产量居世界之首，主要分布于华南地区，如四川、云南、广西、广东、福建、湖南等地区。草菇外观近似钟形，中部稍凸起，表面呈灰色至灰褐色，中部色较深，有辐射状条纹。草菇菌肉为白色，手感松软，菌褶白色后变粉红色，菌柄呈圆柱形。

草菇营养丰富，味道鲜美。新鲜草菇的维生素 C 比柑橘中维生素 C 的含量高 6 倍，可提高人体免疫力。草菇中除了含有高量的蛋白质、脂肪、糖类、钙、磷、铁、维生素 B、维生素 C 外，它所含的氨基酸多达 17 种，还有一种能抑制癌细胞生长的异性蛋白，是极佳的抗癌食物。草菇肉质细嫩，口感滑润，滋味鲜美。

（1）品质鉴别：伞面洁净，无泥沙粘嵌痕迹，菌褶紧密均匀，个体大小均匀，肉质厚，菌伞没有打开，呈钟形，无霉斑，无虫蛀。

（2）初加工方法：原个洗净。

（3）刀工处理：适用于扒、焖、炒、滚、酿的菜式。

用刀削去根部，用刀在头部切成约 0.5 厘米的“十”字纹，再在菇顶浅切一刀。若个头较大，则一开二，适用于炒和焖的菜式。

用于酿的菜式时，只取菇头部分。

（4）常见菜品：鲜菇杂碎煎蛋饼、蚝油鲜菇、香菜扒鲜菇。

鲜菇杂碎煎蛋饼

4. 茶树菇

茶树菇，又名柱状田头菇、杨树菇、茶薪菇、柳松蓉等，原为江西广昌境内的高山密林地区茶树蔸部生长的一种野生蕈菌，现在经过优化改良，可人工种植。茶树菇菌盖平展，中间颜色为深褐色，边缘较淡，菌肉呈白色、肥厚。茶树菇的菌柄比较长，为 4 ~ 12 厘米，呈淡黄褐色。

茶树菇外形美观，香气独特，口感清脆爽口，味道鲜美，可烹制成各种美味佳肴，是菇中珍品。茶树菇含有葡聚糖、菌蛋白、碳水化合物、抗癌多糖等营养成分，并且有丰富的 B 族维生素和钾、钠、钙、镁、铁、锌等矿质元素，其营养价值超过香菇等其他食用菌。

（1）品质鉴别：子实体完整，菌盖不开伞、不破碎，菌柄长度为 10 ~ 15 厘米，有自然色泽，无老化根。

（2）初加工方法：原条洗净。

（3）刀工处理：切去根部即可，适宜滚汤、炒、焖、煲、炖汤的菜式。

（4）常见菜品：茶树菇炒牛柳、茶树菇蒸贵妃蚌、奶油焗茶树菇。

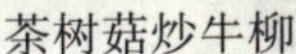
茶树菇炒牛柳

茶树菇蒸贵妃蚌

5. 银耳

银耳，又名白木耳，是我国的一种经济价值很高、很珍贵的胶质食用菌和药用菌。野生银耳是天然稀有的珍贵药品，产于四川、福建、贵州、湖北、湖南等省的山林地区。银耳子实体纯白至乳白色，半透明，柔软有弹性，由数片至10余瓣片组成，形似菊花形、牡丹形或绣球形，直径3～15厘米。

市场上出售的银耳是经过干燥加工的，子实体收缩，呈白色或米黄色，硬而脆。食用前要泡发。

银耳不但和其他山珍海味一样是席上珍品，而且在祖国医学中也是一味久负盛名的良药，中医学认为它有滋阴、补肾、润肺、强心、健脑、补气等功效，是延年益寿的最佳补品。现代科学研究表明，银耳含有丰富的蛋白质、多种维生素、10多种氨基酸、肝糖和有机磷化物，它不但能增强机体的抗肿瘤免疫力，抑制肿瘤生长，而且能增强肿瘤患者对放射治疗或化学治疗的耐受能力。

（1）银耳品质鉴别：用手触摸硬而脆，干燥无水分，色泽洁白，有鲜亮的光泽，肉厚而朵整齐，直径3厘米以上，无蒂头，无杂质。

（2）初加工方法：用水浸泡洗净。

（3）刀工处理：切去根部，改刀成件，适宜滚汤、羹类、甜品、斋菜等菜肴。

（4）常见菜品：酸辣凉拌雪耳、养生龟苓雪耳、木瓜冰糖炖雪耳。

木瓜冰糖炖雪耳

6. 黑木耳

野生黑木耳因生长于腐木之上，且形似人的耳朵，故名木耳；又似蛾蝶玉立，故又名“木蛾”；木耳重瓣生长在树上，互相镶嵌，宛如片片浮云，又有“云耳”之称。

市面上出售的木耳主要有两种：一种是腹面平滑、色黑而背面多毛，呈灰色或灰褐色的，称毛木耳；另一种是两面光滑、黑褐色、半透明的，称为光木耳。毛木耳较大，但质地粗韧，不易嚼碎，味不佳，价格低廉；光木耳质软味鲜，滑而带爽，营养丰富，是人工大量栽培的一种。

黑木耳营养极为丰富，含有大量的碳水化合物、蛋白质、铁、钙、磷、胡萝卜素、维生素等营养物质，黑木耳还是一种珍贵的药材，《本草纲目》中记载，木耳性甘平，有补气益智、润肺补脑、活血止血之功效。

（1）品质鉴别：优质的黑木耳乌黑光滑，背面呈灰白色，片大均匀，体形舒展，体轻干燥，半透明，涨性好，无杂质，有清香气味。

（2）初加工方法：用水浸泡，洗净，去除砂石。

（3）刀工处理：切去根部，改刀成件。

（4）常见菜品：红油拌木耳、素油炒木耳、鸡汤浸木耳。

素油炒木耳

鸡汤浸木耳

7. 猴头菇

猴头菇是食用菇中名贵的品种，也是中国传统的名贵菜肴，是“四大名菜”（猴头、熊掌、海参、鱼翅）之一，民间有“山珍猴头。海味燕窝”之称。野生猴头菇多生长在柞树等树干的枯死部位，东北各省和河南、河北、西藏、山西、甘肃、陕西、内蒙古、四川、湖北、广西、浙江等省（自治区）都有出产，其中以东北大兴安岭，西北天山和阿尔泰山等林区尤多。猴头菇一般有拳头大小，在自然条件下发育较慢，但能生长巨大的菌体，菌伞表面长有毛蓉状肉刺，长约1～3厘米，它的子实体圆而厚，新鲜时白色，干后由浅黄至浅褐色，基部狭窄或略有短柄，上部膨大，直径3.5～10厘米，远远望去似金丝猴头，故称“猴头菇”。

猴头菇味道鲜美，营养丰富，含蛋白质、碳水化合物、脂肪、粗纤维、16种氨基酸、矿物质及维生素。猴头菇内提取的多肽、多糖和脂肪族的酰胺类物质，对肉瘤有抑制作用，现药厂已生产出猴菇菌片，临床观察对胃癌、贲门癌和食管癌均有一定效果。

（1）品质鉴别：以个头均匀、色泽艳黄、质嫩肉厚、须刺完整、干燥无虫蛀、无杂质者为佳。

（2）初加工方法：用水浸泡，洗净，去清砂石。

（3）刀工处理：切去根部，改刀成件，适宜炖、煲汤、斋菜、焖菜。

（4）常见菜品：清拌猴头菇、猴头菇虫草养胃汤、猴头菇炖山瑞裙边。

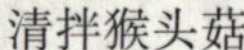
清拌猴头菇

猴头菇虫草养胃汤

猴头菇炖山瑞裙边

小知识：猴头菇的泡发方法

干猴头菇适宜用水泡发而不宜用醋泡发，泡发时先将猴头菇洗净，然后放在热水或沸水中浸泡3个小时以上（泡发至没有白色硬芯即可，如果泡发不充分，烹调的时候由于蛋白质变性很难将猴头菇煮软）。另外，需要注意的是，即使将猴头菇泡发好了，在烹制的时候也要加入料酒或白醋进行煮制，这样做可以中和一部分猴头菇本身带有的苦味。

第四章　禽类原料加工

第一节　家禽初步加工方法

一、家禽初加工步骤

家禽的品种主要有鸡、鸭、鹅等，初加工的步骤一般为宰杀、烫泡、褪毛、开膛、去内脏、整理与洗涤等。

1. 宰杀

宰杀鸡、鸭、鹅等家禽时采用割断气管、血管的方法。正确的方法是左手抓住家禽的翅膀，并且左小指勾住其右小腿，右手拔去家禽颈部少量的羽毛，用刀割破气管与血管，然后将其脚朝上，头部垂下，放尽血液即可。如果是鹅类等重量较大的禽类，则可借助绳索将其腿和翅膀吊起。

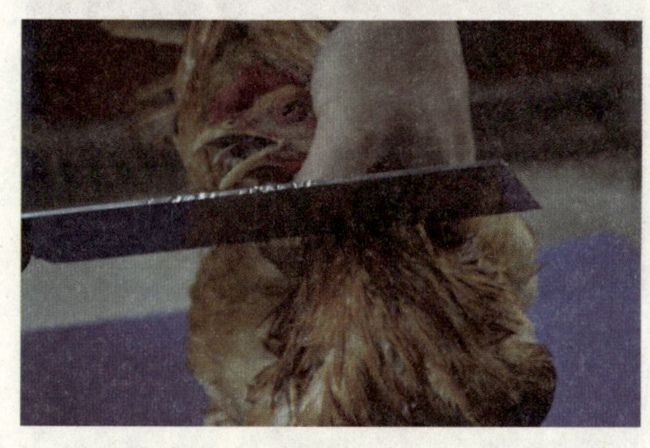

2. 烫泡

烫泡是指在完全死亡（停止挣扎）但还有一定体温时用热水浸透家禽的全身。烫泡的时间与水的温度一定要把握好，较小而柔嫩的家禽烫泡的时间较短、水温较低，否则容易破皮；饲养时间较长的家禽烫泡所用的时间较长、水的温度较高，否则不易褪去羽毛。

3. 褪毛

褪毛是紧接着烫泡之后的一个加工环节，根据经验，先褪腹部、背部，再褪翅膀和腿部的羽毛；先褪粗毛，再褪细毛。在市场批量加工行业，这一环节现在已基本机械化操作。

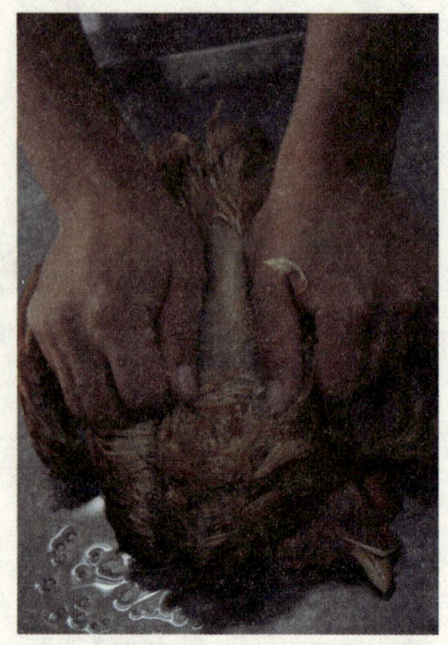

4. 开膛、去内脏

开膛、去内脏这两个环节是紧密相连的，可以作为一个连续动作。根据不同的需要，开膛的方法有腹开、背开、肋开等。

（1）腹开。腹开是最基本、最常用的方法，在腹部与尾部之间横割 5 厘米左右的口子，然后取出肝、心、肠等内脏，再拉出嗉囊、气管、肺等。这种开膛的方法也可以先从颈部和翅膀之间割一小口，取出气管与嗉囊等，然后再从腹部取出其他内脏杂物。

（2）背开。背开又称脊开，是从家禽的颈部与尾部之间，沿着脊背开一道口子，打开腹腔逐一取出内脏的方法。这种方法能够使菜肴形状美观，适用于扒、蒸、炸、炖等烹调方法，如“扒鸡”、“清蒸鸡”等。

（3）肋开。肋开是从翅膀下横着肋骨划一道 4 厘米左右的口子，然后取出气管与嗉囊，再取出其他内脏。烤鸡、烤鸭等菜肴制作中为防止过多失去油脂，保持脂香的独特风味而多采取这种方法。“八宝鸭”等菜肴的制作，为了保持完整和填充料不易溢出，都采用这一方法。

5. 整理与洗涤

将内脏杂物取出后进行分类，去除不宜食用的部分，然后加工有用的部分，最后进行洗涤。

二、家禽加工的注意事项

（1）剖口正确，放尽血液。

（2）保持光禽（褪毛后）的外形完整。

（3）洗涤干净。

（4）物尽其用，减少浪费。

第二节　鸡肉加工

一、鸡

鸡是人类饲养最普遍的家禽，在我国，鸡是家禽类动物中唯一被纳入生肖属相的。鸡蛋、鸡肉自古至今都是人们喜爱的美食佳肴和滋补佳品，民间有“无鸡不成欢，无鸡不成宴”的说法，因为它代表着吉祥、欢乐、美好、诸事遂心的祝福之意。不光是中国人对吃鸡情有独钟，鸡在国外也是人们餐桌上的常客，从“肯德基”到“麦当劳”，洋快餐的食谱里鸡是首位。

鸡按用途可分为5类：肉用型、蛋用型、肉蛋兼用型、药用型以及观赏用的斗鸡。

1. 肉用型鸡

肉用型鸡肉多而鲜嫩，著名的白洛克鸡就是肉用型鸡品种之一，其主要特点是早期生长快，胸、腿肌肉发达，羽色洁白，屠宰后形态美观。我国比较有名的肉鸡品种如下。

（1）溧阳鸡。产于江苏省溧阳县，又名三黄鸡、九斤鸡，该品种土鸡体型较大，略呈方形，羽以黄色为主。

（2）武定鸡。产于云南武定、禄劝县。武定鸡体形硕大，体躯宽深，肌肉发达，为红麻和黄麻羽，多数有胫羽和趾羽。青脚，皮肤白色。

（3）杏花鸡。产于广东省封开县一带，杏花鸡胸肌发达，公鸡羽金黄色，母鸡黄色，皮肤浅黄色，皮薄，皮下脂肪均匀，肌细肉嫩。

2. 蛋用型鸡

蛋用型鸡以产蛋为主，主要有来航鸡、仙居鸡等品种。

溧阳鸡

武定鸡

杏花鸡

来航鸡

3. 肉蛋兼用型鸡

肉蛋兼用型鸡肉质好，产蛋也较多，萧山鸡、辽宁大骨鸡、山东寿光鸡、河南固始鸡等都属于此品种。

4. 药用型鸡

药用型鸡主要是乌鸡，广东地区叫竹丝鸡，乌鸡是中国特有的药用珍禽，以江西泰和所产乌骨鸡最为正宗。泰和乌鸡体型娇小玲珑，外观有十大特征，即丛冠、缨头、绿耳、胡须、丝毛、乌皮、乌骨、乌肉、毛脚、五爪。它集药用、滋补、观赏于一体，为历代皇宫贡品。

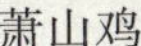
萧山鸡

泰和乌鸡

鸡可煮、炸、炒、焖，烹饪方法多样，如烧鸡、烤鸡、香酥鸡、鱼香鸡球、香草炸鸡、咖啡鸡、栗子酥鸡、蜜汁鸡等，五花八门。据统计，以鸡为主料的菜肴多达数百种，八大菜系也均有自己的“鸡”系招牌菜，如川菜中的“宫保鸡丁”、苏州名菜“贵妃鸡”、广州的“白切鸡”等。

二、鸡的分档取料

分档取料就是把已经宰杀的整只家畜、家禽，根据其肌肉、骨骼等组织的不同部位进行分类，并按照烹制菜肴的要求，有选择地进行取料。分档取料是切配工作中的一个重要程序，它直接关系到菜肴的质量。

1. 分档取料的作用

（1）保证菜肴的质量，突出菜肴的特点。因为家畜各部位肉的质量不同，而烹调方法对原料的要求也多种多样，所以在选择原料时，就必须选用其不同部位，以满足烹制不同菜肴的需要。只有这样，才能保证菜肴的质量，突出菜肴的特点。

（2）保证原料的合理使用，做到物尽其用。根据原料各个不同部位的不同特点和烹制菜肴的多种多样的要求，选用相应部位的原料，不但能使菜肴具有多样化的风味、特色，而且能合理地使用原料，达到物尽其用。

2. 鸡的分档取料方法

鸡可分为鸡头、鸡颈、脊背、鸡翅、鸡胸、鸡腿、鸡爪 7 个部分。

（1）鸡头。鸡头是鸡的下脚料，骨多肉少，含胶原蛋白质丰富，一般用于制汤、煮、酱等。

（2）鸡颈。皮下脂肪丰富，有淋巴，使用前要先去除干净，鸡颈皮韧而脆，肉少细嫩，可用于制汤、煮、酱、烧等。

鸡的分档取料示意
1. 鸡头；2. 鸡颈；3. 脊背；4. 鸡翅；5. 鸡胸；6. 鸡腿；7. 鸡爪

（3）脊背。鸡脊背两侧各有一块肉，俗称栗子肉，此肉不老不嫩，且无筋，可用于切丁、片、丝、块。

（4）鸡翅。鸡翅又称鸡翼，其肉少而皮多，不宜剔骨下肉，但鸡翅质地鲜嫩，俗称“活肉”，可带骨烧、烤、炸、焖等。

（5）鸡胸。鸡胸脯去骨后是鸡全身最厚、最大的一块整肉，这部位肉很嫩，尤以里脊最宜切片、切丝、捶蓉泥。

（6）鸡腿。筋多、肉厚，但较老，可切丁、块，适用于炒、爆、烧、炸。

（7）鸡爪。又称凤爪，皮厚筋多，含胶原蛋白质丰富，皮质脆嫩，可带骨用于制汤、酱、卤、烧。

三、常见菜品

水晶鸡、海南文昌鸡、白切鸡、仔姜干锅鸡。

水晶鸡

海南文昌鸡

仔姜干锅鸡

白切鸡

第三节　鸭肉加工

一、鸭

鸭的体型相对鹅较小，颈短，嘴扁而大，腿位于身体后方，行走时步态蹒跚。家

鸭是由野生绿头鸭和斑嘴鸭驯化而来，人类按照一定的经济目的，经过长期驯化和选择培育成 3 种用途的品种，即肉用型、蛋用型和兼用型。

1. 肉用型

肉用型具有代表性的是北京鸭、樱桃谷鸭、狄高鸭、番鸭、天府肉鸭。

2. 蛋用型

蛋用型有绍兴鸭、金定鸭、攸县麻鸭等。

北京鸭

绍兴鸭

3. 肉蛋兼用型

肉蛋兼用型有高邮鸭、建昌鸭、巢湖鸭、桂西鸭等。

高邮鸭

鸭肉是一种美味佳肴，适于滋补，鸭肉蛋白质含量比畜肉含量高得多，脂肪含量适中且分布较均匀，并且鸭肉中的脂肪酸熔点低，易于消化。鸭肉中含有的 B 族维生素和维生素 E 较其他肉类多，能有效抵抗脚气病、神经炎和多种炎症，还能抗衰老。鸭肉中含有较为丰富的烟酸，它是构成人体内两种重要辅酶的成分之一，对心肌梗死等心脏疾病患者有一定的保护作用。

二、光鸭的分档取料

光鸭的分档取料方法同鸡一样，可分为鸭头、鸭颈、脊背、鸭翅、鸭胸、鸭腿、鸭掌 7 个部分。

1. 鸭头

用于煮、卤、制汤。

2. 鸭颈

用于煮、卤、制汤。

3. 脊背

用于制汤。

4. 鸭翅

用于制作卤水鸭翅等。

5. 鸭胸

用于切丝、切片、制脯。

6. 鸭腿

切片，卤、煮等。

7. 鸭爪

多用于卤。

三、整料出骨的作用与要求

在烹饪技术中，整料出骨就是既要取出原料中的全部骨骼或主要的一些骨骼，又要保持原料形态的完整。整料出骨需要运用比较复杂的刀工技术，所以是原料加工技术中的一种特技。

1. 整料出骨的作用

（1）易于成熟和入味。原料中的骨骼在烹调时往往对热的传导和对调味品的渗透起一定的阻碍作用，如果在原料（如全鸡、全鸭）中酿有其他一些原料时，这种阻碍作用就更加显著。因此，将这些骨骼在烹调前除去，就能使烹调的菜肴容易成熟和入味。

八宝鸭

（2）便于制作形态美观的高级菜肴。经过整料出骨后的鸡、鸭、鱼等原料，由于没有骨骼支撑，成为松软的肉体，除了易于成熟入味及保持体形完整外，更能装酿各种配料，便于整理其形态，成为姿态丰富、形体美观的菜肴，如八宝鸭、葫芦鸭、松子鳜鱼等。

2. 整料出骨的要求

整料出骨具有高度的技术性和艺术性，是一项非常细致的工作，在操作时必须注意以下几个问题。

（1）选料必须精细。整料出骨的原料，要求肥壮肉多、大小适宜。例如，鸡应以1年左右的肥壮母鸡为好，鸭以8～9个月的肥壮母鸭为好。因为过小过瘦的鸡、鸭脂肪不多，出骨时易于破皮，烹制时皮也容易裂开；如果太老，肉质较坚实，若烹制时间短则肉不易熟透，烹制时间长则肉太嫩，皮又容易裂开。至于鱼（黄鱼、鲤鱼、江团

等)，也要体重在0.5千克左右、新鲜肥壮的为好。

(2) 对原料的初加工必须符合整料出骨的要求。整料出骨的原料，在初步加工时，应注意如下3点。

①鸡、鸭宰杀后用热水烫毛时，水的温度不宜过高，烫的时间也不宜过长；如果水的温度过高，烫的时间过长，则出骨时容易破皮。鱼类在刮鳞时不可损伤鱼皮。

②鸡、鸭、鱼均不剖腹，鸡、鸭的内脏可在出骨时随着躯干骨一起取出，鱼的内脏可以从去鳃时一并取出。

③出骨时下刀的部位要力求准确，操作时，刀刃必须紧紧贴着骨头，出骨干净，尽量减少肉的损耗。不论是鸡、鸭、鱼，在出骨操作时都必须非常仔细，不可损伤外皮，否则皮不完整，既有损形态美观，还可能漏汁、漏料。

四、鸭的整料出骨

鸭的出骨技术比较复杂，也较精细，鸡和鸭的体形结构相似，出骨方法也基本相同，一般可分为以下几个步骤。

1. 划开颈皮，砍断颈骨

在鸭头颈处（两肩当中的地方）沿着颈骨直划一刀，将颈部的皮肉划开7厘米左右的一条长口，把刀口处的皮肉用手掰开，将颈骨从刀口处拉出，然后将鸭放在墩子上，用刀尖在靠近鸭头枕骨处将颈骨砍断，砍时右手执刀，左手在刀背上一拍（拍刀砍的方法），但必须注意刀尖不可碰破颈皮。

2. 出前肢骨

从颈部刀口处将皮掰开，鸭头往下，连皮带肉用手缓慢向下翻剥到两个前肢骨的关节（肩臼）露出后，用刀将连接前肢骨关节的结缔组织割断，使前肢骨与鸡身脱离，然后将前肢骨用手抽出。所谓前肢骨，包括臂骨（俗称第一根翘膀骨）、前臂骨（椤骨和尺骨，俗称第二根翘膀骨）和腕骨、掌骨、指骨，但后者有时可不出。

3. 出躯干骨

前肢骨取出后，将鸭的胸部朝上放在墩子上，一手拉住鸭颈，一手按住鸭胸凸起的胸骨处（俗称胸部竖骨）向下按低一些（以免向下翻剥时骨尖将皮刺破），然后将皮继续向下翻剥，但要特别注意的是，鸭的背部肉少，皮紧贴着胸椎骨，很容易拉破。要将鸭放在墩子上，一手拉鸭颈，另一手拉住鸭背的皮肉，轻轻翻剥。如遇到皮与骨连得很紧（特别是胸椎骨处）、不易剥下时，可先用刀在皮和骨之间将皮骨轻轻剥离，再行翻剥。

剥到腿关节髋臼处时，将鸭胸腹朝上，两手分别执鸭的左右大腿，用拇指掰着剥下的皮肉，将两腿向背部轻轻掰开，使髋臼露出，将连接髋臼和股骨头的韧带割断，使鸭的后肢骨与鸭的躯干骨脱离，再继续往下翻剥，至尾椎处割断尾椎（注意，不要割破鸭皮，并使鸭尾连皮带尾椎，尾综骨仍连接在鸭皮上）。然后，再沿坐骨往下翻剥至耻骨（肛门）处，从其皮层内侧将直肠割断，取出躯干骨骼（内脏仍包裹在骨骼中），洗净肛门，防止污染。

4. 出后肢骨

在髋臼处割断连接股骨头的韧带的基础上，分别沿左右股骨头往下翻剥至膝盖骨（膝关节）上端（注意，不要翻剥至膝盖骨），将股骨斩断抽出（斩时要留一小节股骨连接膝盖骨），让其仍附着在皮层上，使之封闭皮层的膝关节，在酿馅时不致露馅。在膝关节下端，除留一小节胫骨、腓骨连着膝关节起封闭作用外，可将小腿骨连皮带骨斩断。也有将小腿的胫骨、腓骨出尽的，如无特殊要求，一般都不出小腿的胫骨、腓骨。

5. 翻转鸭皮

鸭的骨骼出完后，可将鸭翻转，仍使鸭皮朝外，在形态上仍成为一只完整的鸭。在鸭腹中加入馅料，这样经过加热后仍然饱满好看，如椒盐八宝鸭。

五、常见菜品

广式脆皮烧鸭、北京片皮鸭、八宝鸭。

广式脆皮烧鸭

北京片皮鸭

第五章　畜类原料加工

第一节　畜类原料初步加工

家畜原料的初步加工可分为家畜的宰杀加工、分档取料、内脏洗涤 3 个部分。家畜宰杀加工环节有专门的场所、行业，厨房一般不负责此任务，所以现在厨师只要求掌握家畜分档取料与内脏洗涤的方法。

一、分档取料

家畜原料分档取料的步骤：分档、出骨、取料。

1. 分档

分档就是根据家畜机体的结构特点，按不同的部位分解拆卸。家畜原料一般分为三大部分：前肢部分、身肢部分和后肢部分。

（1）前肢部分。前肢部分主要包括头、夹心、前蹄、前爪、颈、上脑等。

（2）身肢部分。身肢部分主要包括肋条、通脊、奶脯部分。

（3）后肢部分。后肢部分主要包括爪、后蹄髈、外档、坐臀、臀尖和尾巴等。

2. 出骨

出骨就是分档结束后将前蹄髈、后蹄髈等骨肉相连的部分进一步肢解，按照肉块的构成形状以及烹调加工的要求，剔除硬骨和软骨。剔骨应下刀准确，做到骨不带肉、肉不带骨，尽量保持肉的完整性。

3. 取料

依据原料的特点及烹饪要求，从家畜肉的各个部分提取相应的原料，以备进一步使用。

二、内脏洗涤

1. 盐醋搓洗法

肠、胃等家畜的内脏表面附有许多黏液，难以直接用水洗净，必须用盐撒在上面，用力搓揉再冲洗。搓揉—冲洗一般要重复几次。如果放置时间较长或者是牛类等胃、肠，则有一定的腥膻气味，还要加点醋、酒等调料让其挥发。

2. 灌水冲洗法

这种方法主要适用于动物的肺，因其内部含有许多血管，宰杀时会有淤血残留其中，一般的方法无法洗涤干净。可将气管口套在水龙头上反复灌水、放水，待其表面发白而透明即可。

3. 刮剥洗涤法

家畜的爪、舌、耳等含有许多余毛和污秽杂物，必须用镊子拔去或用厨刀刮净，然后洗涤干净。肠、胃等内脏也可以结合此方法初加工，即在盐醋洗涤的基础上用刀反复刮，彻底去除黏液。

4. 煮烫法

煮烫法是在上述方法操作完成后必须进行的一道工序，即将动物的内脏放在热水中煮或烫，待其黏液、黏膜漂起捞出，用清水漂洗干净即可。

5. 其他洗涤方法

针对不同的动物内脏，处于不同的情况，可以选择不同的方法。实际操作中，胃、肠等内脏在洗涤时还可以加入高锰酸钾溶液、明矾等附加物，以便于洗涤干净。

第二节　猪肉类原料加工

一、猪

人类畜养家猪的历史相当悠久，中国早在母系氏族公社时期就已开始饲养猪、狗等家畜，我国传统家猪品种繁多，地域分布广，从而形成了各地独特的风味特点。按地理区域进行分类，猪大致有如下几种。

1. 华北类型

民猪、黄淮海黑猪、里岔黑猪、八眉猪等。

2. 华南类型

滇南小耳猪、蓝塘猪、陆川猪等。

3. 华中类型

宁乡猪、金华猪、监利猪、大花猪等。

4. 江海类型

著名的太湖猪（梅山、二花脸等的统称）。

5. 西南类型

内江猪、荣昌猪等。

6. 高原类型

藏猪。

国外知名的家猪品种有美国东部的杜洛克猪、英国约克夏猪、丹麦兰德瑞斯猪

（引入我国后叫长白猪）等。

藏猪

约克夏猪

猪全身都是宝，猪肉是人们餐桌上重要的动物性食品之一，是人类获取动物性蛋白质和脂肪的主要来源。猪肉含有丰富的蛋白质及脂肪、碳水化合物、钙、磷、铁等成分，具有补虚强身、滋阴润燥、丰肌泽肤的作用。凡病后体弱、产后血虚、面黄肌瘦者，皆可用之作营养滋补之品。

猪屠宰产生的猪耳朵、猪脚、猪鼻子、猪头、猪舌头、内脏等，还可以与其他蔬菜组合成菜肴，即使猪血也不会浪费，广东和香港等粤语区称此为“猪红”，一碗“猪红汤”清心润肺，是街头一道廉价美味，台湾人民使用猪血与米做成的猪血糕，更是风味独特。

二、猪的分档取料及用途

猪肉可分为皮和肌肉两大部分，分部位取料及各部位烹调用途分述如下。

1. 猪的皮肉分布

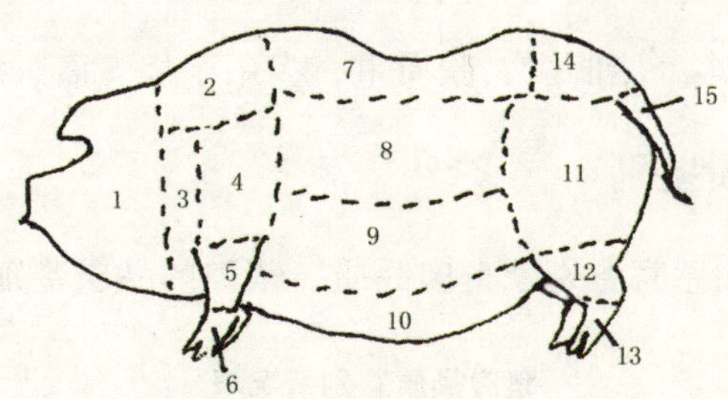

猪的皮肉分布

1. 猪头；2. 风头皮肉；3. 槽头肉；4. 前腿肉；5. 前肘；6. 前足；7. 里脊皮肉；8. 正饱肋；9. 五花肉；10. 奶脯肉；11. 后腿肉；12. 后肘；13. 后足；14. 臀尖；15. 猪尾

2. 猪各部位皮肉的用途

（1）猪头。这部位包括上下牙颌、耳朵、上下嘴尖、印合、眼眶、核桃肉等。猪头肉皮厚、质老，胶质重。宜用于凉拌、卤、腌、烟熏、酱腊等。

（2）风头皮肉。此处肉皮薄，微带脆性，瘦中夹肥，肉质较嫩。宜用于卤、烧、蒸，或做汤菜、回锅肉等。

（3）槽头肉。又称颈子肉，其肉质老、肥瘦不分。宜用于做包子、蒸饺的馅或红烧、粉蒸等。

（4）前腿肉。此部位肉半肥半瘦，肉质较老。宜用于凉拌、卤、烧、腌、酱腊或烹制成烧白、连锅汤等。

（5）前肘。又名前蹄膀。其皮厚、筋多、胶质重、卷子瘦肉。最宜凉拌、烧、制汤、炖、煨、蒸等。

（6）前足。又名前蹄，比后蹄好。只有皮、筋、骨骼，胶质重。宜用于烧、炖、卤、煨等。

（7）里脊皮肉。此处肉质嫩，肥瘦相连。宜用于卤、凉拌、腌、酱腊或烹制回锅肉、连锅汤。

（8）正饱肋。正饱肋肉皮薄，有肥有瘦，肉质较好。宜用于蒸、卤、烧、煨、腌、做粉蒸肉或红烧肉等。

（9）五花肉。这一部位肉因一层肥一层瘦，共有 5 层，故得此名。其肉质较嫩，肥瘦相间，皮薄，最宜烧、蒸，可烹制红烧肉、东坡肉等。

（10）奶脯肉。又名下五花、拖泥肉。位于猪腹部，肉质差，多泡泡肉，肥多瘦少，一般适用于烧、炖、炸酥肉等。

（11）后腿肉。皮薄，质嫩，有肥有瘦，肥瘦相连。最宜凉拌、卤、腌、做汤菜或烹制回锅肉等。

（12）后肘。又名后蹄膀，质量较前肘差，其用途与前肘相同。

（13）后足。又名后蹄。质量较前蹄差，其用途与前足相同。

（14）臀尖。这部位肉质嫩，肥多瘦少。适宜凉拌、卤、腌、做汤菜或烹制回锅肉等。

（15）猪尾。猪尾皮多，脂肪少，胶质重，多用于烧、卤、凉拌等。

三、猪肉原料品质鉴别

在工作中，我们常用感官鉴别家畜肉品质，猪肉的品质鉴别情况如下表所示。

猪肉品质鉴别情况表

项目 \ 特征	新鲜肉	次鲜肉	变质肉
色泽	肌肉有光泽，红色均匀，脂肪洁白	肌肉色泽稍暗，脂肪缺乏光泽	肌肉无光泽，脂肪呈灰绿色
黏度	外表微干或微湿润，不黏手	外表干燥或黏手，新切面湿润	外表极度干燥或黏手，新切面发黏

续　表

项目＼特征	新鲜肉	次鲜肉	变质肉
弹性	放手后指压凹陷立即恢复	放手后指压凹陷恢复较慢且不能完全复原	放手后指压的凹陷不能恢复，并留有明显痕迹
气味	具有新鲜猪肉正常气味	有氨气味或醋酸味	有尸臭味

四、猪瘦肉加工方法

猪肉是目前人们餐桌上重要的动物性食品之一。猪肉纤维较为细软，结缔组织较少，肌肉组织中含有较多的肌间脂肪，因此，经过烹调加工后肉味特别鲜美。

1. 猪瘦肉刀工处理方法

（1）肉片、丝、丁：用于炒、油泡。

（2）肉饼：用于蒸。

（3）大方粒：用于炖。

（4）块：用于煲。

（5）肉脯：用于煎。

（6）肉蓉：用于做馅料。

2. 主要菜品

兰度炒肉片、鱼香滑肉丝、松仁腰果炒肉丁、中山蛋黄肉、虫草夜明珠炖瘦肉、海马杜仲煲瘦肉、煎酿双宝。

兰度炒肉片

鱼香滑肉丝

松仁腰果炒肉丁

中山蛋黄肉

虫草夜明珠炖瘦肉

海马杜仲煲瘦肉

煎酿双宝

五、五花肉加工方法

五花肉，又称肋条肉、三层肉。它位于猪的腹部，猪腹部脂肪组织很多，其中又夹带着肌肉组织，肥瘦间隔，故称“五花肉”。这部分的瘦肉嫩而多汁，肥肉遇热容易化，瘦肉久煮也不柴，因此，五花肉总能成为地方代表性菜品中的主角，如济南把子肉、梅菜扣肉、东坡肉、回锅肉、鲁肉饭、粉蒸肉等。

1. 五花肉刀工处理

（1）肉片。适用于蒸、炒。

（2）厚件。适用于扣。

2. 主要菜品

滑菇蒸肉片、云耳菜心炒花肉、梅菜扣花腩片。

滑菇蒸肉片

云耳菜心炒花肉

梅菜扣花腩片

六、排骨加工方法

1. 排骨刀工处理

排骨多斩成 2 ~7 厘米长的段，用于炒、焖、蒸、焗、炸、煮汤等。

2. 主要菜品

蒜香排骨、好味汁焖排骨、陈皮骨、水蛇排骨汤。

蒜香排骨

好味汁焖排骨

陈皮骨

水蛇排骨汤

七、猪肚加工方法

将猪肚外面的脂肪清理干净，把猪肚反转（内外反过来），加入少量的盐和干生粉，把猪肚搓擦 2 ~3 分钟，使盐、生粉以及猪肚壁本身的黏液相互融合，然后漂水，

把猪肚的黏液洗干净，再把猪肚头（厚肉部位）和肚身切开分别处理。

1. 猪肚头的加工方法

猪肚头在烹调中一般是由砧板加工成片状或球状规格，然后用炒、泡、爆等烹调法制作。把猪肚头切开，用较锋利的刀削去内壁，并削去夹层的筋膜，再进行增加爽脆和减少韧性的加工。

（1）方法①：每500克改净的肚头肉加入食粉10克，拌匀腌15分钟，再漂水15～30分钟，使肉色有浅红，并且使碱味去净，捞出滤干水分，再加工。

（2）方法②：每500克改净的肚头肉用2克特丽素兑水20克，和肚头肉拌匀腌30分钟，然后漂水10分钟左右，捞出滤水，再加工。

2. 猪肚身的加工方法

猪肚身的肉较薄，烹调时都是连肚膜一起烹调，因此，在炒、泡、爆、盐焗、椒盐等烹调加工时，要把它的韧性处理好，否则，就会因过熟而使得肉质变得更韧、难以嚼烂。

（1）方法①：每500克猪肚加入枧水50克、食粉20克拌匀，腌30分钟，再放入不锈钢煲中，然后加入清水1000克，用慢火加热至微沸熄火，浸10分钟，捞出猪肚漂水2小时，直到没有枧水味为止，再以冰粒冷藏备用。

注意事项：

①加热过程以慢火为主。

②对猪肚的加热以达到八成熟为好，过熟则无爽脆的口感。

③漂水必须透彻，彻底去除碱味。

（2）方法②：每500克 猪肚使用特丽素4克（用20克清水冲兑）拌匀腌15分钟，再加入嫩肉粉5克拌匀腌15分钟，之后“啤水”10分钟，再加工。

3. 主要菜品

怡香清炒猪肚丝、姜葱猪肚尖、潮式卤水猪肚、琵琶果煲猪肚、八宝酿猪肚、冷水猪肚。

怡香清炒猪肚丝

姜葱猪肚尖

潮式卤水猪肚

琵琶果煲猪肚

八宝酿猪肚

冷水猪肚

八、猪手（脚）的加工方法

1. 猪手（脚）的处理

首先把猪手（脚）放在火炉上，把猪毛烧掉，其次用刀把皮面上的焦黄毛头刮去，并把烧焦的皮色刮净。

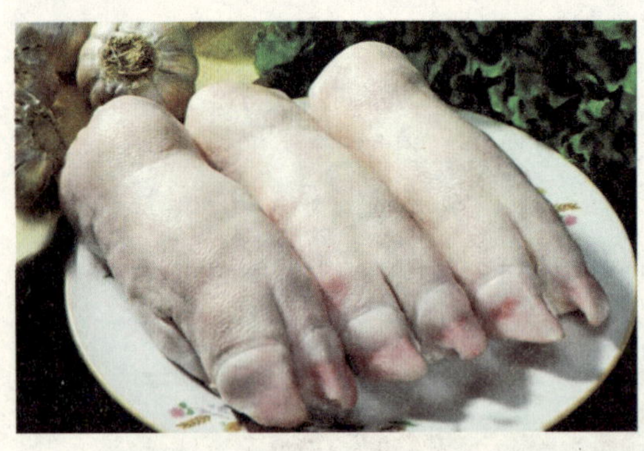

用于焖、制汤：在猪手（脚）的两趾间下刀，把它斩成两半，再斩成 2～3 厘米的碎件，漂水 10～20 分钟，至肉色变淡，捞出滤干水分，备用。

用于扒法、卤水：在猪手（脚）的两趾间下刀，把它斩成两半，漂水 10～20 分钟，至肉色变淡，捞出滤干水分，备用。

注意事项：

①烧猪毛时要用旺火迅速把毛烧去，慢火容易把皮烧焦，影响成品的色泽。

②在猪手的两趾间（竖放）下刀，这里没有骨头的阻挡，容易斩开。

③猪手若需冷藏保鲜，应用保鲜盒装好或保鲜纸包裹，以防冷冻过程中水分流失、原料间的气味交叉污染，影响肉质的鲜味。

2. 主要菜品

炭烧猪手、鲍汁猪手、白云猪手、回味猪手等。

炭烧猪手

鲍汁猪手

白云猪手

第三节　牛肉类原料加工

一、牛

牛是我国主要家畜之一，按其种类和生活习性可分为黄牛、水牛和牦牛3种。

1. 黄牛

黄牛是我国的特产，在全国范围内分布较广，产量较高，约占牛总量的80%。黄牛按生长区域划分，较著名的品种有鲁西黄牛、秦川黄牛、南阳黄牛和延边黄牛。黄牛具有肉质坚实、肉味好、纤维较细和色泽棕红等特点。一般净肉率在37.9%～45%。

2. 水牛

水牛主要分布于南方各省，以役用为主。我国主要品种有四川德昌水牛、湖南滨湖水牛和浙江温州水牛，传统以退役水牛作为肉类来源，因此，肉质老、纤维粗、色泽深、味道差，而且不易被煮酥烂。

3. 牦牛

牦牛主要分布于西藏、青海、新疆和四川北部，牦牛在这些地区主要作为运输工具。牦牛耐寒冷、耐行走。牦牛的肉具有色泽鲜艳、肉质细嫩、肉味鲜美和肉纤维细密的特点。

水牛

牦牛

除上述以外，还有引进的肉牛和淘汰的乳牛，如“海福特”、“安吉斯”等。这些品种具有产肉量高、肉纤维细密、质嫩味鲜的特点。

二、牛的分档取料

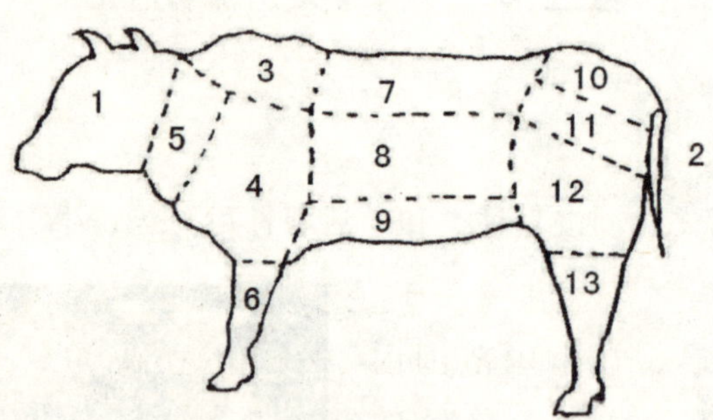

牛的皮肉分布

1. 头；2. 尾；3. 上脑；4. 前腿；5. 颈肉；6. 前腱子；7. 脊背；8. 腑肋；9. 胸脯；10. 米龙；11. 里仔盖；12. 仔盖；13. 后腱子

牛的肌肉构造和不同部位的肌肉的分布同猪相仿，但有些部位肉的质量与猪肉有所不同，用途也不一样。

1. 头尾部位

（1）头

皮多、骨多、肉少、有瘦无肥，适宜酱制。

（2）尾

肉质肥美，适宜于炖、煮、烧等。

2. 前腿部位

（1）上脑。位于脊背前部，靠近后脑，肉质肥嫩，可用于烤、炒等。

（2）前腿。位于颈肉后部，包括前胸和前腱子的上部。肉质较老，适宜于红烧、煮、酱、制馅等。

（3）颈肉。即牛脖子肉。质量较差，可用于红烧、炖、酱、制馅等。

（4）前腱子。肉质较老，可用于煮、酱、红烧等。

3. 腹背部位

（1）脊背。包括牛排、外脊、里脊。外脊是附着在脊骨外侧，在上脑后、仔盖前的条肉。肉丝斜而短，质松肥嫩，通常用于烤、炸、炒、爆等。

（2）腑肋。位于牛胸部的肋骨处，相当于猪的五花肋条肉。肉中夹有筋，一般用于红烧、炖等。

（3）胸脯。又名白奶。位于腹部，呈带状，肉层较薄，附有白筋，一般用于红烧，较嫩的部分也可用于炒。

4. 后腿部位

（1）米龙。位于牛尾根部，前接牛排，相当于猪的臀尖，肉质较嫩，表面有膘，适宜于炸、熘、炒等。

（2）里仔盖。位于米龙下部，肉质嫩而瘦，可以代替米龙用。

（3）仔盖。位于里仔盖的下面，用途与里仔盖、米龙相仿。里仔盖旁边还有一块由五条筋合成的肉，俗称“和尚头”，肉质较嫩，多用于炒、爆等。

（4）后腱子。肉质较好，可用于红烧、酱、煮等。

此外，还有牛鞭条（亦称牛肾鞭，位于雄牛腹下近肛门处）、牛骨髓（可从骨中挖出）等，可分别用以制成牛鞭膏、牛骨髓粉。

三、牛肉原料品质鉴别

牛肉的特点是结缔组织较多，肉色较深，肉纤维较粗，脂肪含量较低。牛的用途、品种、部位不同，肉质也略有区别。一般肉用牛比退役牛质地和味道要强，育肥肉牛强于一般饲养的牛，小牛强于老牛。从感官鉴别牛肉品质的情况如下表所示。

从感官鉴别牛肉品质的情况

项目 特征	新鲜肉	次鲜肉	变质肉
色泽	肌肉有光泽，红色均匀，脂肪洁白或淡黄色	肌肉色稍暗，切面尚有光泽，脂肪缺乏光泽	肌肉色暗，无光泽，脂肪黄绿色

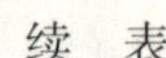
续 表

特征 \ 项目	新鲜肉	次鲜肉	变质肉
黏度	外表微干或有风干膜，不黏手	外表干燥或黏手，新切面湿润	外表极度干燥或黏手，新切面黏手
弹性	放手后指压凹陷立即恢复	放手后指压凹陷恢复慢且不能完全复原	放手后指压的凹陷不能恢复并留有明显痕迹
气味	具有新鲜牛肉正常的气味	有氨气味或酸味	有尸臭味

四、牛柳加工方法

牛柳是牛的里脊肉，是一种十分美味的食材，它被广泛用于各色菜肴之中。

1. 牛柳刀工方法

牛肉的纤维组织较粗，结缔组织较多，应横切，将长纤维切断；不能顺着纤维组织切，否则不但没法入味，而且嚼不烂。

（1）将牛柳放置在砧板上，用刀将边角的肥油去掉，同时将牛柳底部的一条整筋去掉。

（2）牛柳多切成片、丝、肉脯，用于煎、炒、油泡、炸等。

肉脯

肉片

肉粒

肉条

肉丝

肉糜

2. 主要菜品

黑椒爆炒牛柳、沙茶牛肉脯、烧汁茶树菇炒牛柳。

黑椒爆炒牛柳

沙茶牛肉脯

烧汁茶树菇炒牛柳

五、牛腩加工方法

牛腩即牛腹部及靠近牛肋处的松软肌肉，是指带有筋、肉、油花的肉块，这只是一种统称。若依部位来分，牛身上许多地方的肉都可以叫作牛腩。国外进口的以切成条状的牛肋条为主，是取自肋骨间的去骨条状肉，瘦肉较多，脂肪较少，筋也较少，适合红烧或炖汤。另外，在里脊肉上层有一片带筋、油少、肉多但形状不大规则的里脊边，也可以称作牛腩，是上等的红烧部位。牛腱也可以算是牛腩的一种，筋肉多，油少，甚至全是瘦肉，因此一般用来卤，不适合炖汤，更不适合红烧。

1. 牛腩加工方法

（1）反复清洗干净，牛腩带有脂肪、筋、松软组织等，杂质多，特别是进口的牛腩，有的和部分内脏混合在一起，更要注意。

（2）洗净后的牛腩，倒入沸水锅中，煮 20 分钟左右捞出，用清水冲洗干净，备用。

（3）牛腩根据烹调需要，多切成小块和丁。

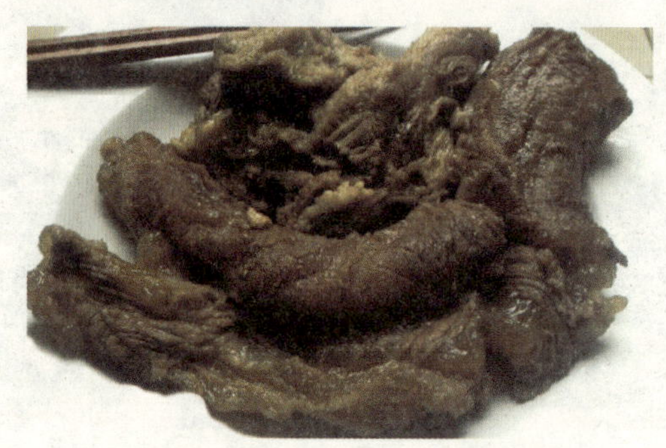

2. 主要菜品

鲍汁扣牛腩、咖喱焖牛腩、柱候焖牛腩。

鲍汁扣牛腩

咖喱焖牛腩

柱候焖牛腩

六、牛百叶、牛草肚加工方法

1. 加工方法

初步加工的牛百叶为灰黑色，首先，将牛百叶用清水冲洗，去掉表面的污物；其次，每500克原料用枧水20克浸洗10分钟；最后“啤水”15分钟。这样处理过的牛百叶膻味就会减轻，且韧性得到改善，较为爽嫩。

牛草肚的韧性较大，用枧水难以改变它的质感，因此，可先将牛草肚用清水冲洗，去掉表面的污物，然后用特丽素腌制，做法是把每500克原料用特丽素50克和清水兑开，放入牛草肚浸泡30分钟，再“啤水”15分钟，捞出后用清水浸泡，冷藏备用。

2. 主要菜品

捞起黑百叶、红油牛肚、卤水牛肚拼盘。

捞起黑百叶

红油牛肚

卤水牛肚拼盘

第四节　羊肉类原料加工

一、羊

羊是我国主要家畜之一，按品种可分为山羊和绵羊两种。

1. 山羊

山羊分布于全国各地，我国各省份均有饲养（东北、华北和四川是山羊的主要产区）。山羊体型小，适应性强，具有皮肉兼用的特点。著名品种有马头山羊、中卫羔皮山羊、麻羊、阿白山羊和哈密山羊。山羊肉具有较重的膻味，肉色呈较淡的暗红色，皮下脂肪少，肌肉有较多的脂肪、肉质细嫩，味道鲜美。

2. 绵羊

绵羊主要分布于东北和西北各省（新疆、内蒙古和西藏为主要产区）。著名品种有蒙古绵羊、哈萨克绵羊、西藏绵羊和改良羊 4 种。绵羊肉有膻味，肉质比山羊肉坚实，肉纤维细而软，色泽暗红，肌肉有白色脂肪，含脂量较高，味鲜美。

羊肉特点是结缔组织少，肉纤维细嫩，脂肪含量较高，具有一定的膻味，一般肥羊肉比老羊、小羊肉鲜美、软嫩，而且膻味小、易成熟。

羊肉较猪肉的肉质要细嫩，较猪肉和牛肉的脂肪、胆固醇含量少。羊肉含有丰富的蛋白质，其含量较猪肉、牛肉高，羊肉与猪肉和牛肉相比，钙、铁、维生素 C 含量更高。李时珍在《本草纲目》中说“羊肉能暖中补虚，补中益气，开胃健身，益肾气，养胆明目，治虚劳寒冷，五劳七伤”，因此，羊肉最适宜于冬季食用，它既能御风寒，又可补身体，故被称为“冬令补品”，深受人们欢迎。

二、羊的分档取料

1. 头

肉少，皮多，可用来酱、扒、煮等。

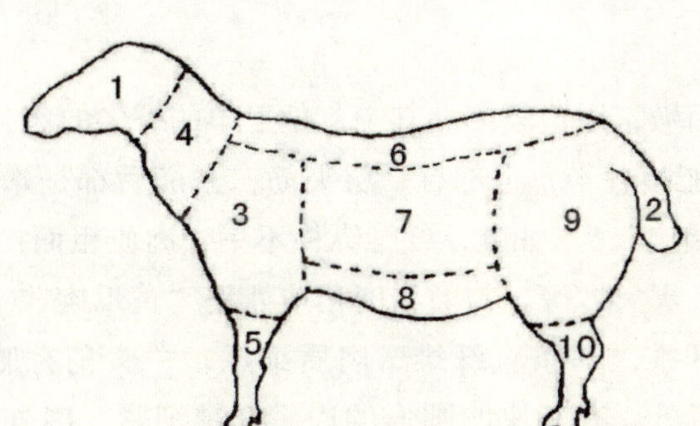

羊的肌肉构造和不同肌肉的部位分布

1. 头；2. 尾；3. 前腿；4. 颈肉；5. 前腱子；6. 脊背；7. 肋条；
8. 胸脯、腰窝；9. 后腿；10. 后腱子

2. 尾

绵羊尾多油，用于爆、炒、氽等。山羊尾大多是皮，可用于红烧、煮、酱等。

3. 前腿

位于颈肉后部，包括前胸和前腱子的上部。羊前胸肉脆，宜用于烧、扒，其他的肉多筋，只宜于烧、炖、酱、煮等。

4. 颈肉

肉质较老，夹有细筋，可用于红烧、煮、酱、炖以及制馅等。

5. 前腱子

肉老而脆，纤维很短，肉中有筋，适宜于酱、烧、炖等。

6. 脊背

包括里脊肉和外脊肉等。外脊肉位于脊骨外面，呈长条形，外面有一层皮筋，纤维斜长细嫩，用途较广，用于涮、烤、熘、爆、炒、煎等。里脊肉位于脊骨两边，形如竹笋，纤维细长，是羊身上最嫩的两条肉，外有少许的筋膜包裹，去膜后用途与外脊肉相同。

7. 肋条

位于肋骨的内部，方形，无筋，外附一层膜，肥瘦兼有。适用于涮、烤、炒、爆、烧、焖、扒等。

肋条

8. 胸脯、腰窝

胸脯肉位于前胸，形似海带，肉质肥多瘦少，肉中无皮筋，性脆，用于烤、爆、炒、烧、焖等。腰窝肉位于腹部肋骨近腰处，纤维长短纵横不一，肉内夹有 3 层筋膜，肉质老，质量较差，宜于酱、烧、炖等。腰窝中的板油叫腰窝油，内蒙古、青海、新疆等地均食用。

9. 后腿

后腿比前腿肉多而嫩，用途较广。其中，位于羊的臀尖的肉，亦称“大三叉”（又名“一头沉”），肉质肥瘦各半，上部有一层夹筋，去筋后都是嫩肉。臀尖下面位于两腿脂相磨处，叫“磨腊肉”，形如碗，纤维纵横不一，肉质粗而松，肥多瘦少，边上稍有薄筋，宜于烤、炸、爆、炒等。与磨腊肉相连处是“黄瓜肉”，肉色淡红，形如两条相连的黄瓜，一条斜纤维，一条直纤维，肉质细嫩，一头稍有肥肉，其余都是瘦肉。在腿前端与腰窝肉相近处，有一块凹圆形的肉，纤维细紧，肉外有3层夹筋，肉质瘦而嫩，叫“元宝肉”、“后鸡心”。以上部位的肉均可代替里脊肉使用。

10. 后腱子

肉质和用途与前腱子相同，肉老而脆，纤维很短，肉中有筋，适宜于酱、烧、炖等。

三、羊肉原料品质鉴别

羊肉呈浅红色，有光泽，肉质细腻，脂肪含量少，脂肪洁白或淡黄色，具有独特的膻味。

某大型超市品检人员用的感官鉴别羊肉的品味表

项目 特征	新鲜肉	次鲜肉	变质肉
色泽	肌肉有光泽，红色均匀，脂肪洁白或淡黄色	肌肉色稍暗，切面尚有光泽，脂肪缺乏光泽	肌肉色暗，无光泽，脂肪黄绿色
黏度	外表微干或有风干膜，不黏手	外表干燥或黏手，新切面湿润	外表极度干燥或黏手，新切面黏手
弹性	放手后指压凹陷立即恢复	放手后指压凹陷恢复慢且不能完全复原	放手后指压的凹陷不能恢复，并留有明显痕迹
气味	具有新鲜羊肉正常的气味	有氨气味或酸味	有尸臭味

四、羊肉膻味的加工处理

羊肉具有独特的膻味，主要是因为脂肪中含有苯酚的成分，去掉脂肪之后，羊肉便不会再有膻味。在烹调时，常用的去羊肉膻味的方法有下面几种。

（1）一千克羊肉放入10克甘草、适量料酒、生姜一起烹调，既能够去除其膻气，又可保持羊肉鲜美的风味。

（2）将萝卜块和羊肉一起下锅，半小时后取出萝卜块，有去膻气作用。如放几块橘子皮更佳。

（3）每千克羊肉放绿豆5克，煮沸10分钟后，将水和绿豆一起倒出。

（4）将两三个带壳的核桃洗净打孔，放入与羊肉同煮。

（5）每千克羊肉中加入剖开的甘蔗200克，放入与羊肉同煮。

五、主要菜品

枝竹东山羊、焖东山羊、烤羊肉串、小炒黑山羊。

枝竹东山羊

焖东山羊

烤羊肉串

小炒黑山羊

第六章　水产类原料加工

第一节　水产类原料初步加工

一、水产品原料加工的基本要求

水产品的种类很多，归纳起来有鱼、虾、蟹、贝壳等几大类，对它们的初步加工方法不尽相同，但是，水产类原料也有其相同之处，并非无规律可循，加工水产品原料时要符合以下的基本要求。

1. 注意水产品的营养卫生，除净污秽杂质，满足食品卫生要求

水产品的加工必须去除它们的血水、污物，洗涤干净，确保卫生。很多的水产品都有寄生虫，有些还带有有毒腺体、各种污秽杂质，如鱼鳞、鱼鳃、内脏、血水、黏液等都是细菌滋生和传播的污染源。因此，必须注意清除，确保成品卫生要求。

鱼类加工时切记不可弄破鱼胆，鱼胆一般呈淡淡的青黄色、黄色、青色、青黑色，位于鱼类躯干部腹侧。同所有动物的胆汁一样，鱼胆若不小心被食用，是极其苦的，且会中毒，因此在剖开鱼肚皮或清理鱼杂时都要非常小心，以免划破鱼胆。

2. 注意水产品不同品种和不同用途加工方法的差异，按品种的特点和用途选择正确的加工方法

同一种烹调方法，品种不同，加工方法也不相同，例如，原条蒸的鱼，生鱼、鲈鱼和鲫鱼开膛取内脏的方法就不同；同一种鱼，采用不同的烹调法，加工方法也有区别，例如，鲩鱼蒸和焖两种烹调方法对鲩鱼的加工要求就不相同，蒸法以原条形状加工，焖法则多斩成碎件。具体的形状要求以企业所固有的规格要求为准。

如上图所示，沙锅焖鲈鱼与清蒸鲈鱼加工方法就不同，沙锅焖鲈鱼以碎块为多，清蒸鲈鱼以整条为主。

沙锅焖鲈鱼

清蒸鲈鱼

3. 要确保水产品加工成形后的整齐和美观

水产品初步加工后，要保证它们的形状整齐美观，刀口光洁平滑，外形完整，血水清洗透彻，肉质鲜明洁净，只有这样，才能够使产品在厨师的精湛烹调手艺下制成精美菜肴。

例如，焖法的鱼件，斩件时要求长短、粗细统一，不能有过大的偏差，如下图所示，背部出骨的蒸鱼，若厨师的技术差，造成刀口不平，而且没有清洗干净血水，那么蒸熟后的鱼形状差、色泽难看。两种不同的刀工处理，产品卖相优劣立分。

4. 合理选料，降低企业的原料成本

烹调方法对原料质素的要求高低不同，初加工人员要根据菜品烹调要求，合理选料，综合用料，降低生产成本。例如，清蒸、炒球的原料必须选用最新鲜的，才能保证菜肴的质量；采用煎炸、浓焖等烹调方法的菜品，一般则可以用冰鲜原料。

海鲜池的水产品，除了客人点用外，应当根据原料的使用特点、规格合理地选用，切忌大材小用，造成浪费和损失。例如，炒鱼球和炒鱼片的生鱼肉，鱼球取用 1 千克以上的生鱼，鱼片则可以用 0.75 千克左右的生鱼，这两种鱼的成本价格是不同的。

第二节　鱼类原料加工

由于鱼的品种很多，形状、性质各异，加工的方法也不相同，相对而言，鱼类的初步加工的程序主要包括拍晕、放血、刮鳞、挖鳃、褪砂、剥皮、取内脏和洗涤等。鱼类刀工成形过程的具体做法，则根据其品种、用途的不同决定，不能一概而论。

一、鱼类初步加工的基本步骤

1. 拍晕

将鱼牢牢抓住，用刀拍打鱼的后脑至晕，其目的是避免在宰杀过程中鱼挣扎。需要注意的是，鱼不可以挞（摔）晕，挞晕的鱼会产生积血，难以清洗干净，对肉质影响很大。

拍晕

2. 放血

在鱼的颊下（鱼鳃根位置）切下，再把鱼放入水里，让血流入水中，至鱼死为止。这样做的目的是使鱼肉的色泽洁白，特别是制作鱼刺身、鱼球、鱼片时，更加强调血放清。

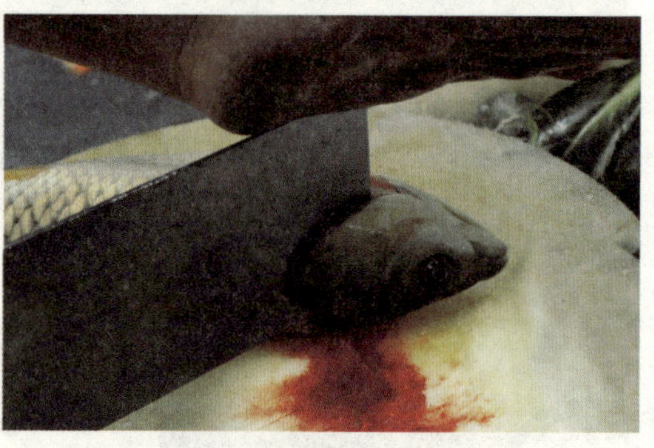
放血

3. 刮鱼鳞

广东厨师习惯称“打鳞”，打鱼鳞的工具是刀或鱼鳞刨。用鱼鳞刨或刀从鱼尾部开始，往头部刨出或刮出鱼鳞，然后再用刀刮净“死角”部位的鱼鳞。需注意的是，不可留有鱼鳞在鱼身上，同时，要掌握刮鳞时的力度，绝不能刮破鱼皮。

4. 挖鱼鳃

鱼鳃的腥味非常重，而且有沙泥积聚，必须清除干净。鱼鳃一般要用刀剔出，或用剪刀剪除，也可用手挖出，有时甚至用筷子从鳃盖口中拧出。

5. 取内脏

宰鱼取内脏的方法一般有 3 种，分别是开肚取内脏、肛门（或鳃）部取内脏和背部下刀取内脏。这 3 种取内脏的方法需结合鱼的品种、大小和用途而定。

6. 清洗和整理

取内脏后，先将鱼肚内的黑色衣膜刮净（此膜的腥味重，尤其是塘产草鱼类），再检查鱼鳞刮清与否，用清水冲洗干净（切勿浸泡）。至此，鱼的初步加工程序基本完成，剩下的就是根据烹调要求对鱼的形态进行加工了。

刮鱼鳞

取内脏

二、鱼的出骨

鱼的出骨一般可分为两个步骤。

1. 出背脊骨

首先，将鱼头朝外，鱼腹靠近左手，鱼背靠近右手放置在墩子上，左手按住鱼腹，右手用刀紧贴着鱼的背脊骨上部横刀进去，从鳃后直到鱼尾，片开一条刀缝；其次，按住鱼腹的左手向下略压一下，使这条缝口张开；最后，从缝口继续贴骨用刀向里片，片过鱼的背脊骨，将鱼的胸骨与背脊骨相连处片断，鱼的背脊骨和鱼肉完全分离。片时要注意刀刃千万不可碰破鱼腹内的肉。

将鱼翻身，鱼头朝内，仍然是鱼腹靠左手，鱼背靠右手，放置在墩子上，再用刀紧贴着鱼的背脊骨上部横片进去，刀法同前，也是将鱼的胸骨与脊骨相连处片断为止。鱼身另一面的脊骨与肉完全分离开来。

鱼的两面背脊骨均与鱼肉分离后，即可在背部刀口处将背脊骨拉出，在靠近鱼头和鱼尾处将脊骨斩断，这样就可取出整个背脊骨。

2. 出胸骨

将鱼腹朝下放在墩子上，鱼背刀口处朝上，从刀口处翻开鱼肉，在被割断的胸骨与背脊骨相连处，胸骨根端已露出肉外，可将刀身略斜，紧贴着一排胸骨的根端下面横片进去，刀从近鱼头处向近鱼尾处拉出，先将鱼尾处的胸骨片离鱼身，再用左手将近鱼尾处的胸骨提起，用刀将鱼头处的胸骨片离鱼身，则鱼胸骨的一面就全部片下；将鱼掉头，用同样的方法再将鱼的另一面鱼胸骨片去。

背脊骨与胸骨都取出后，整条鱼除头尾的骨头外都全部出完，然后将鱼身合起，在外形上仍然成为一条整鱼。

三、草鱼（大头鱼、鲫鱼、鲮鱼）的加工方法

草鱼，北方俗称混子、草根（东北），南方多称草鲩、海鲩，栖息于平原地区的江河湖泊，生性活泼，以水草、藻类、水生幼虫等为食，典型草食性鱼类。草鱼饲料来源广，生长迅速，是中国淡水养殖的四大家鱼之一。

草鱼身体略呈圆筒形，头部稍扁平，尾部侧扁；草鱼背部呈青灰色，腹部灰白色，胸、腹鳍略带灰黄，其他各鳍为浅灰色。

草鱼刺少、肉厚，肉质紧密，口感嫩滑，深受人们喜爱，草鱼可清蒸，也可焖、炸、红烧。在广东，清蒸草鱼是家庭餐桌、宴请宾客必不可少的一道美食。

1. 草鱼的初加工方法

（1）用于原条烹制的菜肴。先用刀把鱼拍晕，在鱼鳃下横切一刀放血，再将鱼侧放，用食指和拇指扣紧鳃部，一手执刀从尾至头刮去鱼鳞，再从鳃下至尾鳍用平刀在鱼腹开肚，挖出内脏，刮去黑膜，用刀挖去鱼鳃（稍大的草鱼还要挖去在鱼喉部的鱼牙），洗净，交砧板进行细加工和配菜。有些用于蒸的原条鱼在取内脏后，做以下刀工处理。

第一种：在一边的鱼脊鳍处平切一刀，切至脊深处，这样能使整条鱼在蒸制过程中熟得均匀，避免鱼腹熟了脊肉还是生的。

第二种：在鱼肚中紧贴脊骨两边把胸骨切开至尾部，头部破开下唇，使整条鱼可以俯卧形扒开，这样，不但整条鱼的可视面增大，卖相好，而且熟得快，但此法一般不应用于筵席菜之中。

第三种：将鱼按取软硬边方法取得鱼肉，将鱼头破开两边，后脑连着，斩下尾分放，将鱼肉削皮，横刀切成厚 0.8 厘米的厚片。这种做法是部分广东顺德厨师对蒸鱼的加工方法，在烹调中，鱼头、鱼尾一盘蒸，鱼肉一盘蒸，熟后再合摆在一盘中，然后浇上油和调味汁，适合无骨丝的鱼种。

（2）用于炒鱼片、油炸烹调的加工方法。将已经取出内脏的鱼侧放在砧板上，用平刀从尾部开始下刀，紧贴着脊骨逆刀而上至头部，在鱼鳃盖之下横刀切至鱼骨，将

半边鱼起出，用同样方法取另一边鱼肉，最后斜刀起出胸部鱼腩骨，取得两条鱼肉，交砧板进行细加工。

（3）用于碎焖法烹调的加工方法。将鱼开成软硬边后，再斩成8厘米×2厘米规格的鱼段。

（4）用于原条红烧烹调的加工方法。在原条开肚的取内脏的鱼身上每隔4厘米斜刀切入鱼肉中成刀花。

2. 主要菜品

水煮草鱼片、清蒸大草鱼、剁椒蒸草鱼腩、糖醋大草鱼。

水煮草鱼片

清蒸大草鱼

剁椒蒸草鱼腩

四、鲈鱼（石斑鱼、黄花鱼、东星斑等）加工方法

鲈鱼又称花鲈、鲈鲛，鲈鱼分布于太平洋西部、中国沿海及通海的淡水系中，是我国最为常见的经济鱼类之一。鲈鱼体长而侧扁，口大，下颌长于上颌。鲈鱼吻比较尖，牙细小，全身被细小栉鳞，皮层粗糙，鳞片不易脱落，体背侧为青灰色，腹侧为灰白色，体侧及背鳍鳍棘部散布着黑色斑点。

鲈鱼肉质白嫩、清香，没有腥味，肉为蒜瓣形，最宜清蒸、红烧或炖汤。尤其是秋末冬初，成熟的鲈鱼特别肥美，鱼体内积累的营养物质也最丰富。

1. 鲈鱼初加工方法

（1）用于原条蒸菜式的加工方法。将鱼拍晕，刮去鱼鳞，在肛门上 0.5 厘米处横切一刀（将鱼肠切断），用长铁钳从鱼鳃两侧插入鱼肚内，顺着同一方向扭动至鱼肠脏黏附在长铁钳上，把长铁钳连内脏和鱼鳃一块拉出，洗净，交砧板进行细加工和配菜。

（2）用于炒片或球、油泡、炸等烹调的加工方法。与鲩鱼起肉方法相同。

2. 主要菜品

沙锅鲈鱼、炒鲈鱼丁、泰汁烧鲈鱼。

沙锅鲈鱼

炒鲈鱼丁

泰汁烧鲈鱼

五、生鱼加工方法

生鱼又名乌鳢、黑鱼，是一种肉食性凶猛鱼类，它与鳜鱼一样，以鱼、虾等为食。生鱼呈灰黑色，由背至腹颜色逐渐变浅，体背和头顶色较暗黑，腹部淡白，体侧各有不规则黑色斑块，生鱼眼小口大，牙细小，牙呈带状排列于上下颌，下颌两侧齿坚利，所以广东厨师开玩笑说“没给生鱼咬过的厨师不是好厨师”。生鱼全身被有中等大小的圆鳞片，头顶部也覆盖有不规则鳞片。

生鱼肉质细嫩，口味鲜美，且营养价值颇高，因而在国内外市场深受欢迎，是人们喜爱的上乘菜肴。此外，生鱼还具有去瘀生新、滋补调养、健脾利水的医疗功效。病后、产后以及手术后食用，有生肌补血、加速愈合伤口的作用。

1. 生鱼初加工方法

（1）用于原条蒸菜式的加工方法。用刀拍鱼的头部至晕，用刀在鱼鳃根部戳一刀放血；从尾部至头部刮去鱼鳞（鱼头的鱼鳞也要刮净）；将鱼的腹鳍、尾鳍起出；用刀从头部沿着背脊将鱼肉与鱼骨分离，破开鱼头（鱼嘴部位相连），用刀从尾部沿着背脊将另一边鱼肉与鱼骨分离，并把脊骨从头部至尾部的一段截断、取出，去除鱼鳃和内脏，在鱼肉上改“井”字花纹，洗净。

（2）用于煲汤菜式的加工方法。用刀拍鱼的头部至晕，用刀在鱼鳃根部戳一刀放血；从尾部至头部刮去鱼鳞（鱼头的鱼鳞也要削净），刮去潺液；开肚取出内脏，挖去鱼鳃，洗净。

（3）用于炒片、油泡、炸菜式的加工方法。拍晕，放血，去鱼鳞；将鱼的腹鳍、尾鳍起出；用刀从头部沿着背脊将鱼肉与鱼骨分离，并用刀在近头、尾处下刀，用刀从尾部沿着背脊将鱼肉与鱼骨分离，并用刀在近头、尾处下刀，最后取出鱼肉（两侧脊肉与鱼腩应相连），洗净，交砧板进行细加工和配菜。这种方法行业语为“起鱼肉”，包括起制鱼青用的鲮鱼肉等。

（4）用于碎蒸、锅仔菜、椒盐焗、啫啫焗等烹调加工方法。选料以500克以下的为好，拍晕，放血，去鱼鳞（鱼头的鱼鳞也要刮净），挖去鱼鳃，刮去潺液；顺刀切开肚肉，取出内脏，切下鱼头，鱼身用横刀切成厚0.8厘米的鱼段，洗净，交砧板进行配菜。

2. 主要菜品

西洋菜凤爪煲生鱼、烧汁淋生鱼、蚝油生鱼片、油浸生鱼。

烧汁淋生鱼

西洋菜凤爪煲生鱼

蚝油生鱼片

第三节　虾蟹类原料加工

随着人们生活水平的提高，各地对虾蟹的消费日见增多，虾蟹类菜品在酒店食肆中的分量也水涨船高，虾蟹菜式品种繁多，营养丰富，价值高，因此，在酒店都是由资深厨师主理，初学者接触比较少。虾蟹类原料在初步加工的过程中，需要根据烹调方法的差别，再依据原料体形大小、形态做合理的加工。

虾蟹类原料讲究“鲜活”，蟹死后1小时，基本不再入菜，因此蟹类原料选择活、

体形大、行动敏捷的即可。虾则可以从以下几个方面鉴别质量优劣。

一看外形，新鲜的虾头尾完整，头尾与身体紧密相连，虾身较挺，有一定的弯曲度；不新鲜的虾，头与体、壳与肉相连松懈，头尾易脱落或分离，不能保持其原有的弯曲度。

二看色泽，新鲜的虾皮壳发亮，河虾呈青绿色，对虾呈青白色（雌虾）或蛋黄色（雄虾）；不新鲜的虾，皮壳发暗，虾原色变为红色或灰紫色。

三看肉质，新鲜的虾肉质坚实、细嫩，手触摸时感觉硬，有弹性；不新鲜的虾肉质松软，弹性差。

四闻气味，新鲜虾气味正常，无异味，若有异臭味则为变质虾。

一、龙虾

龙虾是一种名贵海产品，主要分布于热带海域，原产地在中、南美洲和墨西哥东北部地区，我国广东、上海、江苏、香港、台湾等地也有分布，目前我国有人工养殖。龙虾头胸部较粗大，外壳坚硬，色彩斑斓，腹部短小，体长一般在 20 ~ 40 厘米，重 0.5 千克上下，龙虾最重的能达到 5 千克以上，人称“龙虾虎”，是虾类中最大的一类。

1. 龙虾初加工

龙虾的个头有大有小，大的龙虾一般斩（切）碎后再烹调，而龙虾仔一般采用蒸的烹调方法。

（1）用于蒸的烹调方法。用竹签或竹筷子在龙虾尾部肛门小孔处向头部插入，使龙虾的尿液排出，在虾的腹部顺刀把虾斩成两边，清理干净虾头黑色的污物、鳃和虾身的虾肠，清洗干净，即可交砧板配菜。

（2）用于其他的烹调方法，如焗法、焖等。用竹签或竹筷子在龙虾尾部肛门小孔处向头部插入，使龙虾的尿液排出，用布分别包着头和虾身，扭动两圈，把虾头扭断，先把龙虾的尾部斩下，再将龙虾身斩成两边，拿掉虾肠，再斩成较大件的龙虾件，把虾头内的鳃和污物清理干净，然后分别用盘盛装，交砧板配菜。原只虾头要保留，烹调后用作装盘造型。

起肉烹调的菜肴，把虾头内的鳃和污物清理干净，在虾身的腹部两侧用刀把虾的腹膜切开，拉掉它，然后用小刀在尾部把肉削离虾壳，拉出整条虾肉，再分别盛装，交砧板配菜。

在操作中要注意以下两点：①龙虾在宰杀时必须先排尿，这样才不会影响到虾的鲜味；②在清理龙虾头的过程中，切勿把虾膏弄散。

2. 主要菜品

龙皇五谷丰、甜粟龙虾球、双色龙虾、日禾烤龙虾。

龙皇五谷丰

甜粟龙虾球

双色龙虾

日禾烤龙虾

二、罗氏虾

罗氏虾，又名“罗氏沼虾”，原产地为泰国和缅甸，罗氏虾在中国南方多省都有养殖，安徽、浙江、广东等省是主产地。罗氏虾体形肥大，呈青褐色，每节腹部有附肢一对，尾部附肢变化为尾扇，头胸部粗大，从腹部起向后逐渐变细。雄性虾个体一般大于雌性虾，雄性虾第二步足特别大，呈蔚蓝色。

罗氏虾的营养价值丰富，据科学研究表明，每100克罗氏虾的虾肉中含蛋白质20.6克，脂肪0.7克，并含有多种维生素及人体必需的微量元素，是一种高蛋白、营养丰富的水产品。

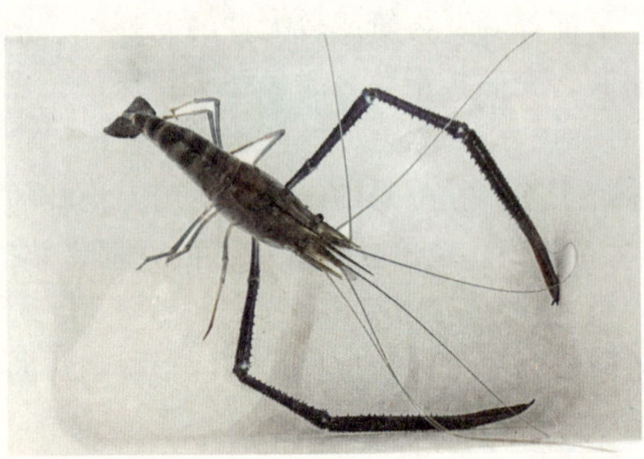

1. 罗氏虾初步加工

罗氏虾一般个头较大，而且在其头部有丰腴的膏脂，为了更好地体现它的本味特点，食客往往喜欢吃用蒸的烹调法加工过的罗氏虾。

（1）先将罗氏虾清洗干净，将罗氏虾的爪斩去一大半（留最后一节），把虾头前额上的虾枪切（剪）掉。

（2）把腹部的水拔部分剪掉，洗干净，交砧板配菜。

2. 主要菜品

虾爆鸡、椒盐罗氏虾、玉带南瓜炒虾球。

虾爆鸡

椒盐罗氏虾

玉带南瓜炒虾球

三、基围虾

基围虾又名麻虾、虎纹虾等，主要分布于日本东海岸，在中国广泛分布于山东半岛以南沿岸水域、珠江海口地区，是一种近岸浅海虾类，它具有杂食性强、广温、广盐和生长迅速、抗病害能力强等优点，是“海虾淡养”的优良品种。

基围虾全身淡棕色，腹部游泳肢鲜红色，近处观察，小的虾身被棕色麻点，大的虾身被一圈圈的棕色条纹，因此，渔民依形称之为麻虾、虎纹虾。基围虾壳薄体肥，肉嫩味美，深受消费者青睐。

1. 基围虾初加工方法

（1）用于白灼烹调法：将虾用清水冲洗干净后交打荷岗位即可。

（2）用于煎炸烹调法：①将虾清洗干净，把虾须、虾爪剪掉，再把虾枪剪去，接着剪去水拔（个头小的虾一般不用剪水拔）；②在虾的内侧用刀，把腹部、头部片开（背壳相连），挑去头部的灰黑色污物（但不要弄散虾膏），清洗干净，交砧板配菜。

（3）用于一虾两食的菜肴（即炸椒盐头，焗虾身）：①把虾须、虾爪剪掉，再把虾枪剪去，接着剪去水拔；②在头部与身躯处切断（即头身分离），在虾身的腹部平刀片开虾肉（背壳相连），在头的后脑处尖刀切入，挑出头部的污物，清洗干净，交砧板配菜。

2. 主要菜品

水果金丝虾、韭黄玉米虾、白灼基围虾。

水果金丝虾

韭黄玉米虾

白灼基围虾

小知识：剥虾仁的方法

许多菜品都要用到虾仁，新鲜的虾，直接剥壳取肉的难度较大，往往要用冰冻法。方法是把虾放入盘中，加入冰粒，把虾“冰镇”15~30分钟，然后把头剥下，剥离前壳，用力在虾尾处把虾肉挤出，清洗干净。其原理是虾经过“冰镇”方法处理，使虾肉迅速收缩，虾壳不受影响，因此，虾肉就相对容易挤出来了。

四、蟹

蟹可分为河蟹和海蟹，即淡水蟹和咸水蟹。蟹种类繁多，仅中国蟹的种类就有600种左右，有梭子蟹、青蟹、蛙蟹、关公蟹等，因分布的地理位置不同，所以也有等级之分，一等是湖蟹，如阳澄湖、嘉兴湖；二等是江蟹，如九江、芜湖；三等是河蟹；四等是溪蟹；五等是沟蟹；六等是海蟹。

蟹不但味奇美，而且营养丰富，螃蟹含有丰富的蛋白质、微量元素等营养，对身体有很好的滋补作用，中国人民吃螃蟹有久远的历史，可以上溯到周天子时代。直到今天，金秋时节，持蟹斗酒、赏菊吟诗还是人们的一大享受。可见，蟹是公认的食中珍味，有“一盘蟹，顶桌菜”的民谚。

1. *蟹的初加工方法*

（1）用作原只加工的菜肴（如蒸原味蟹、原只焗蟹等烹调法）：①将蟹放在砧板上，蟹背朝下，用刀尖戳入蟹厣尖的部位，把蟹杀死；②把绑蟹的绳子松开，用刷子把蟹表面的污物擦洗干净，交砧板配菜。

（2）用作碎件烹调的菜肴：①将蟹背朝下，放在砧板上，用刀尖戳进蟹厣部位，把蟹宰死；②将蟹翻转，用刀压着蟹爪与蟹身相连的关节处，左手将蟹疨掀起，把蟹疨的部分弯边削去，并把嘴尖处的污物清理掉（切勿把旁边的蟹膏弄散）；③刮去蟹身上的蟹鳃，去掉蟹厣，斩去爪尖，清理干净（注意，不可把与蟹肉相连的蟹膏削掉）；④将蟹螯斩下，再斩成两节，用刀轻拍至蟹壳裂开即可，然后清洗干净，交砧板配菜。

有些膏蟹的做法是把蟹膏全部取出，然后放在蟹盖中。这是因为在烹调过程中，蟹体与蟹膏的成熟时间不一致，成熟的蟹膏，质感甘香而嫩滑，鲜味尽显，过熟的蟹膏口感粗糙，鲜味不足，所以对膏蟹的烹调要求高，分开烹调，以保证肉、膏成熟度一致。

（3）蟹的出肉加工（拆蟹肉）：蟹肉在蟹体内的分布零碎，且粘壳，生鲜取肉很困难，因此，都是采用“熟拆肉”的方法。

①将宰杀后的原只蟹洗刷干净，放入蒸汽中猛火加热3～5分钟至刚刚熟，取出后即用冰粒冷冻；

②将蟹螯斩下，拍裂，然后把它的外壳剥去，取出蟹肉；

③用刀尖戳入“蟹钉”部位（即蟹身和爪相接的关节），撬出蟹爪（爪会连着一条薄骨，称“蟹钉”）；

④将蟹爪的关节斩下，用刀柄压在蟹爪上，把爪里面的蟹肉压出，再把蟹身撕开，取出蟹身的蟹肉。

2. 主要菜品

盐水花蟹、避风塘炒花蟹、川味香辣蟹、沙爹酱炒花蟹。

盐水花蟹

避风塘炒花蟹

川味香辣蟹

沙爹酱炒花蟹

小知识

蟹蒸熟后，最好用冰粒冷冻，根据热胀冷缩的原理，蟹肉离壳体，相对较容易取肉，还能保证蟹肉肉质的结实和鲜美。

撬出“蟹钉”后再取蟹肉，既可以使蟹肉容易取出，取干净，同时，蟹肉不容易碎。

第四节　贝类原料加工

一、鲜鲍鱼

1. 连壳进行烹调的菜肴（如蒸）

先用刷子把鲍鱼外壳刷洗干净，然后清理壳与肉间夹缝的内脏，再把鲍鱼放在砧板上，轻轻擦鲍鱼的表面，使其色泽变白，然后交砧板。

2. 取鲍鱼肉（炒、爆、白灼和冰镇等菜肴的烹调法）

将鲍鱼的内脏清除，擦去表面的黑色污物，用竹片插入肉与壳间的夹缝中，把肉撬出，然后清洗干净，交砧板处理。

二、响螺

1. 生取响螺肉加工方法（用作炒、泡、爆、白灼、冰镇等菜肴的烹调）

用锤子将响螺的外壳砸破，取出螺肉，择去螺厣及内脏部分，用枧水（20 克 / 千克螺肉）拌匀，15 分钟后洗去黏液和黑衣，漂清枧水味，交砧板处理。原因是加入枧水后，既可以使响螺肉的黏液容易清洗，黑衣容易撕掉，又可以使响螺的肉色洁白，并可减少韧性，增加爽脆的口感。

生取螺肉的方法可以保证肉色的洁白鲜明，而且肉的鲜味效果好，口感爽脆，但出肉率较低。

2. 熟取响螺肉的加工方法（一般用于红烧、酱爆、制汤等菜肴的烹调）

把螺放入水锅中，加热煮至螺肉离壳（约滚 2 分钟），然后用铁锥把螺肉挑出，择去内脏部分，清洗干净，交砧板。

以此法取螺肉，较简单，出肉率高，但螺肉的色泽暗黄，口感不爽脆。

三、田螺、石螺

带壳烹调的加工方法：一般先用清水养 1 ~ 2 天，然后用铁钳或剪刀钳去螺尖，清洗干净，交砧板。也可在养螺的水中加入几根生锈钉，可有效除去螺的泥腥味。也可熟取螺肉，方法如响螺。

细小的咸水螺如花螺、小角螺等，直接原只烹调，不需养，也不剪尖。

四、象拔蚌

象拔蚌一般是取肉作炒、泡、白灼、刺身等菜肴，在象拔蚌的夹壳中间切下，把蚌身开成两边，然后清除蚌体内的内脏以及沙粒，用刀把外壳削离，再把“象拔”部分放入75℃的热水中烫1～2分钟，取出冷却，用刀在表皮轻轻顺拉一刀，把外层的硬膜撕去，清洗干净，交砧板处理。

注意事项：“象拔”部分烫水时要掌握好准确的水温和时间。水温高，会把肉烫熟；水温低，则不能把外膜与肉分离。

五、圆贝、带子

1. 用作蒸烹调法的菜肴

把壳表面的寄生物用刀削去，然后擦洗干净，再拿刀在两夹壳之间切入，直接将肉一切为二，把内脏清除，洗干净，交砧板配菜。鲜带子因它的壳体长，因此，需要把壳体按带子肉的大小修整成圆形。例如，蒜蓉蒸、XO酱蒸等。

2. 取肉烹调的菜品

例如，XO酱爆鲜带子、蟹粉圆贝蒸蛋等。直接用刀把壳体撬开，削出整体贝肉，然后把内脏清除，清洗干净，交砧板。

六、鲜蚝

在蚝体的夹缝中，把铁撬插入，用力把壳撬开，再贴壳把蚝肉铲离壳体，除去蚝头两旁的壳屑，清洗干净，然后用清水浸着，交砧板处理。

七、青口、花甲

市场上的青口、花甲都是饲养的品种，若个头细小，货源往往带有死掉的，因此，水台在初步加工时比较麻烦。一般是把它们放在沸水中烫至壳体微张开，然后挑出死的、空壳的、包泥的，再冲洗干净，交砧板处理。

八、鲜鱿鱼、鲜墨鱼

用刀切开或用剪刀剪开腹部，剥出肚内的软骨，并分离头部、尾翼部和身躯部分，把头部切开，剥去鱼嘴、眼睛，并把尾翼和身躯的外层薄衣撕去，刮干净肚内污物，分类清洗干净并用保鲜盒装好，交砧板进行刀工处理。

注意事项：部分鱿鱼的外衣由于在烹调过程容易脱色，影响卖相，因此要剥去外衣，但有些个头细小的红鱿鱼可以保留外衣烹调。另外，墨鱼中的墨囊含有黑色的“墨汁”，加工时要注意，可在水中剪剥。

小知识：酒店常用海鲜的饲养方法

一、海鲜池的建造

1. 底池的防漏

关系到水的盐度、养鱼的成本。

2. 过滤材料的选料

活性炭、珊瑚石（中大为好）或生物圈（最好）、海绵。

3. 制冷设备

机头的多少，决定品种多少和成活时间。

4. 饲养技术

健康的鱼与病鱼分开，防止细菌感染。

5. 养鱼水温及盐度

（1）盐度 24 度、水温 17 摄氏度

适用品种：澳龙、花龙、珍宝蟹、香槟蟹、老虎蟹、澳洲鲍、老虎鱼、左口鱼、猴头鱼（鲍鱼）。

（2）盐度3度、水温20摄氏度

适用品种：罗氏虾、淡水鱼类（鲈鱼、鳜鱼等）、虾与鱼分开池养，防止虾水污染鱼水。

（3）盐度22度、水温20摄氏度

适用品种：红蟹、花虾、花蟹、节虾。

（4）盐度20度、水温20摄氏度

适用品种：咸水鱼类（如石斑鱼、苏眉、青衣、东星等）。

（5）盐度24度、水温20摄氏度

适用品种：濑尿虾。

（6）盐度17度、水温17摄氏～20摄氏度

适用品种：元贝、扇贝。

养海水鱼比例

名称	盐度	温度
老鼠斑		
苏眉		
东星斑	20度	18摄氏度
石斑		
西草		
象拔蚌		
多宝鱼		
左口鱼	16度	11摄氏度
扇贝		
鲜鲍		
江团		
雅鱼		
黄辣丁		12摄氏度
鳜鱼		
龙虾		
龙虾仔	26度	20摄氏度
基围虾	18度	15摄氏度

第七章　干货原料的涨发

第一节　干货原料涨发的目的与原理

一、干货原料涨发的目的

干货原料也称干料，是鲜活的烹饪原料经过加工干制而成的一类烹饪原料。干货原料一般采用阳光晒干、自然风干、用火烘干、石灰炝干或盐腌等方法脱水干制而成。干货原料有便于储存、运输的特点，同时也别具风味，如腊肉，重新赋予了食材独特的风味。

干货原料是经脱水干制的原料，与鲜活原料相比，具有干、硬、老、韧等特点，因此不能直接烹调，要经过各种手段的涨发加工，使其水分恢复至新鲜状态，改变其原有的质地和形态，同时去除腥膻气味和杂质，达到烹调、配菜的要求。这也是干货原料涨发的目的。

二、干货原料涨发的基本要求

1. 熟悉干货原料的特性和产地，以便选用合理的涨发方法

虽是同一种类的干货原料，产地不同，形状也有别，性能更是不尽相同。只有了解干货的产地，掌握各自的特性，有针对性地运用相应的涨发加工方法，才能达到事半功倍的效果，并提高其涨发成品率。

如涨发干鱿鱼，吊片鱿鱼身薄味香、质地柔软，这种鱿鱼只需用清水浸 2～3 小时便可，这样既保持了其香味，又达到了脆嫩的目的；如果是质量较低的日本排鱿，其形大身厚、质地又韧又硬、灰味重，涨发时间不但要长（起码半天以上），还要加入枧水或小苏打等进行浸、漂，才能使其变得柔软。

2. 掌握干货原料的质量和性能

即使同一产地的同一种干货原料，也有新旧、老嫩、好坏之分，在采用加工方法和涨发时间上都应有所区别。因此，首先是要鉴别、区分，然后再采用不同的方法处理。如海参，有的灰味、异味特别重，必须经反复漂水、反复换水煲煸才可去除，甚至还需要辅助其他特殊方法；但有的海参灰味轻（如辽参），换水煲煸的次数少，漂水时间也不需那么长。

3. 熟悉涨发步骤，留意涨发过程的关键环节

一般干货原料，尤其是名贵的山珍海味原料，其涨发过程比较复杂，全过程会有几个工序，而且每一个工序的涨发目的、要求、关键都有所不同，必须全面掌握，妥善处理。特别是关键的环节，如果出错就会前功尽弃，影响到最后的涨发质量。

如涨发鲍翅，就有多个工序：浸、煸、打沙、煲、去骨、再煲煸、漂水等，每一个工序、每一个环节都有其技术要领，只要有其中一个环节做不好或出错，就会影响整个鱼翅的涨发质量。

4. 尽量提高涨发的出料率

干货原料涨发要在保证质量的前提下讲求出料率，干货原料涨发出料率高，菜肴的成本就会降低，这是关系企业经济效益的问题。所以，涨发干货原料，在除保证质量的前提下，还要有较高的涨发出料率。

三、干货原料涨发的基本方法及原理

1. 水发原理

无论是动物性原料还是植物性原料，干制后都要失去大部分水分，涨发的目的就是要最大限度地使其恢复到原来状态。但由于种种原因，要使原料完全恢复到原来状态几乎是不可能的，因此，只能部分地将其复原，如含水量、口感等。水发干货原料，就是利用水的溶解性、渗透性及原料成分中所含有的亲水基因，使干货原料失去的水分得以复原。

2. 油发原理

适合油发的干货原料，大都含有丰富的胶原蛋白，如干肉皮、蹄筋等。油发时原料的含水量不能太大，油温度也不能太高，一般在油温70℃左右时开始下料，然后慢慢升温。在此过程中，干货原料会经过以下3个阶段。

（1）原料受热回软。当原料在油中加热到60℃左右时，胶原蛋白具有伸缩性，开始逐渐回软，体积收缩。

（2）第2个阶段是小汽室形成长大。原料回软后，如继续升温，干货原料中所含的水分开始汽化，逐渐形成小汽室。随着温度的升高及时间的延长，小汽室越来越大，当胶原蛋白分子发生变性时，失去弹性，强度也降低，因此，气体逸出，原来的小汽室基本按原体积固定下来，表现在宏观上，则为整个干货原料已经膨松，油面出现汽泡，干货原料体积成倍增大。

（3）第3个阶段为浸泡吸水回软阶段。将膨松的油发原料经热碱水浸泡、清水漂洗，使原料吸水回软。

3. 碱发原理

适合碱发的干货原料均为海产软体动物，其干制后含水量较低，质地较油发的干货原料略松散些，保气性也较差。但海水软体动物在长期的生物进化过程中，为了抵

御海水的侵蚀，在它们的体表有一层致密的由内分泌物组成的膜，这层膜具有很强的防水性，尤其原料干制后，变得致密，成为一层防水保护膜。

碱发时，把适合碱发的干货原料泡软，放入碱液中，碱首先对表面膜起作用。这层膜由脂肪等物质构成，与碱作用，可发生水解、皂化等系列反应，从而可把这层防水保护膜“腐蚀”掉，使水能顺利地与原料结合。

最后把原料放入清水中浸泡，在渗透压的作用下，水分子可通过原料表面继续进入原料内部，而原料的碱可通过原料表面进入水中，这样既达到了去碱的目的又达到了进一步涨发的目的。

第二节　干货原料涨发的方法与实例

一、水发的涨发方法

水发是最普通、最基本的涨料方法，它利用水的渗透作用，使原料复水。除了有黏性、有油质的原料及表面有皮鳞的以外，一般原料都可用水发。水发又分为冷水发、热水发两种。热水发又包括煮、焖、蒸、泡等法。

1. 冷水发

冷水发可分浸、漂两种，但主要是浸，即把干货原料放在冷水中长时间浸泡，干货原料吸收水分而涨大回软。这种方法适用于质软的干货原料，例如，冬菇、木耳等。

2. 热水发

热水的渗透能力强于冷水，故冷水发不透的干货原料可用热水发，把干货原料放在水中，经过煮、焖、蒸等各种不同的加热过程，或放在沸水中使其迅速吸收水分，涨大回软，叫热水发。热水发应用范围极广，一般可分泡发、煮发、焖发、蒸发 4 种。

（1）泡发。即将原料置于沸水（或温水）中泡发一定时间，泡发是热水发中最简单的一种方法。一般体小、质微硬或略有一些难闻气味的原料采用此法。但应注意气候寒热，如鱼干、银耳、发菜、粉丝、脱水菜等，在冬季应用沸水泡，热天则宜用温水泡。

（2）煮发。煮发是将干货原料放在水中，加热煮沸，使之涨发回软的一种发料方法。适用于体大质硬，不容易吸水涨发的干料，如笋、鲍鱼、鱼皮等。

（3）焖发。焖是煮沸后一个操作过程，它和煮是不可分离的，因为原料在水中煮沸后，如再用旺火烧煮，就会使原料皮肉开裂，影响质量。因此，采取煮沸后再将原料及沸水倒入锅中，盖好焖一定时间，可达到涨发的目的。

（4）蒸发。把适于蒸发的干料，如干贝、海米、鱼唇、鱼骨等，放在盛器里蒸烂、回软、膨胀的发料方法叫蒸发。蒸发由于以蒸汽导热，可以传导较高的温度，同时密闭的原料水分很少挥发，所以蒸发能使干料酥软，吸收水分，不致使原料本身鲜味损失，且蒸发还有最大的优点，即原料在蒸笼里不移动位置，故有些发制后易散碎的原料往往采取蒸发法。

二、水发的涨发实例

1. 香菇的涨发

香菇采用冷水泡发，操作过程：浸发—去根—清洗。将香菇浸泡在冷水中，待其涨发回软、内无硬茬时，剪去香菇的根蒂，洗去泥沙杂质即可。涨发香菇时，尽可能不用开水泡发，以免香菇特有的鲜、香气味流失。香菇的涨发率是250%～300%。

2. 黑木耳的涨发

黑木耳采用冷水泡发，操作过程：浸发—去根—去杂质—清洗。

将黑木耳浸泡在冷水中，待其发软后去除根部，去除杂质，用水反复清洗干净即可。黑木耳的涨发率是900%～1200%。

3. 发菜的涨发

发菜采用热水泡发，操作过程：浸发—去黑衣—漂洗。

将发菜放入沸水中浸泡，待发菜膨胀松软后，倒入网筛内漂洗，除去杂质，滴入几滴豆油，用手轻轻挤出水分即可。发菜的涨发率是800%左右。

4. 笋的涨发（玉兰片）

操作过程：浸发—煮—浸发—煮发—浸发。

将笋干放入盛器内，先倒入沸水泡发 4 小时，然后取出，放入锅内，倒入冷水，用大火煮沸，改用中火焖发 30 分钟取出，在淘米水中浸发 10 小时，洗去泥沙，直到水清不混浊，然后用锯切的刀法（刀刃与原料垂直，先将刀向前推，再把刀往后拉，一推一拉形如用锯，将原料切断）横着笋的纤维纹路切成薄片，再将成形的笋片放入冷水锅内煮开，改用中火焖 30 分钟，直到笋片色泽洁白、质地脆嫩、无异味，再将笋片捞出，浸泡在清水中待用。

5. 鲍鱼的涨发加工

鲍鱼在市场售价极为昂贵，但从营养角度来说，鲍鱼里所含的营养，鸡、鸭、鱼、肉、禽、蛋里都有，其之所以昂贵主要有三点：其一，近年来世界海水污染严重，优质鲍鱼产量稀少；其二，鲍鱼生长较缓慢（5 ~ 6 年才能长到壳长 10 厘米左右，7 ~ 8 年才能长成 20 头鲍鱼，10 ~ 15 年才能长成 3 ~ 5 头的干鲍）；其三，成菜程序较为繁杂，从开始制作到成品需 3 ~ 5 天。

（1）干鲍鱼的质量鉴别。

①鲍鱼越大越好。鲍鱼是以每斤头数计算，头数越少价钱越高，有“千金难买两头鲍”的说法。4 头鲍为高档品，10 ~ 15 头已属上品。鲍鱼从外形看，形体完整者为佳，底部宽阔圆滑、肥身肉厚、珠边均匀、无刀伤破痕者为好，反之则较逊色，为次货。

把鲍鱼放在灯下照，中央通透者为好，鲍身内呈现黑色点的质较次。

从干湿度来看，鲍鱼越干越好，身沉坠手为好，反之则为差。

从鲍鱼的放置时间看：时间越长，成菜的味道就越香郁浓厚，食之会有白糖心（即黏弹牙）之感。

从鲍鱼气味来鉴别，鲍鱼味越浓越好，味腥为差。

从鲍鱼的颜色来鉴别：以咖啡色及对光照看略显透明者为佳。

以产地来分：日本鲍鱼价钱最高，南非鲍、中东鲍、澳洲干鲍为中等，苏洛鲍、大连鲍等价钱较低。干鲍涨发率相差不大，最好的干鲍（身够干、肉够厚）的涨发率接近 150%。

②新鲍鱼与旧鲍鱼之分。

刚干制后售出市场的称为“新鱼”，存放一两年以上的称为“旧鱼”。新鱼色泽较浅，鲍鱼味不浓；旧鱼色泽较深，如存放得当鲍鱼味会更浓，正常而言，旧鱼胜于新鱼。

（2）鲍鱼的涨发。

①清水浸。把鲍鱼用清水浸 24 小时左右，浸鲍鱼最好用流动的清水（或勤换水，夏天更要勤换水，以免鲍鱼变质），此工序会使鲍鱼吸足水分，然后用软刷将鲍鱼洗刷干净。

②水煲焗。用清水煲焗鲍鱼 2 ~ 4 小时，然后捞起去清鲍鱼夹杂的沙石和杂质。把鲍鱼放入已垫竹笪的大瓦煲内（或不锈钢桶），放入老姜、陈皮、白糖粉，加入清水，慢火煲焗 3 小时，重新换水，重复以上方法煲焗鲍鱼共 3 次。鲍鱼去除异味后，将鲍鱼嘴蒂剪去。

③加肉料煲焗。将鲍鱼放入已垫竹笪的大瓦煲内，放上已炸至金黄色的有皮花肉、老鸡、排骨、瘦肉、老姜、陈皮、冰白糖、花雕酒、小量藏红花，加入矿泉水，用慢火煲 18 小时后，加入蚝油、金华火腿、炸至金黄的大地鱼肉，再煲 1 小时左右，至鲍鱼淋

滑够身为度（用幼竹签能轻易插穿鲍鱼为够身）。待鲍鱼凉冻后，用炼过的鸡油或花生油盖过鲍鱼面，然后放入 -5℃的冰柜保存，或将煲鲍鱼原汁去渣后速冻密封存放。

6. 干海参的涨发

（1）干海参的质量鉴别：①个体大、肉质肥厚的质量好，个体小、肉质薄的质量差；②形状整齐、腹腔完好的质量好，腹腔没有剖开的质量差；③色泽光亮的质量好，色泽暗淡或缺少光亮的质量差；④腹腔内没泥沙的质量好，腹腔内多泥沙的质量差；⑤没异味的质量好，闻起有异味的质量差。

（2）干海参的涨发方法：洗净—浸泡—煮—焗—去除内脏。

先用清水将干海参洗净，再用清水泡 8 小时至海参软身，换上清水用慢火煮沸 5 分钟，熄火加盖焗至水冷，重新换上清水，重复以上工序至海参涨大够身。用剪刀剖开腹部去除内脏沙石，在海参中加入冰粒、清水放入冰柜保存，此种方法涨发的海参效果最好，能去清海参涩味及其他不良气味，不易泻身，涨发起率较理想，饮食业大多采用此法来涨发海参。

7. 鱼翅的涨发加工

（1）鱼翅的种类

鱼翅，自古被列为“海产八珍”之一，清朝时鱼翅被列为御膳，它富含胶蛋白，能滋阴壮阳、益气开胃，又有预防骨骼老化、防骨刺等药用功效。鱼翅软骨中含有的“鲨鱼软骨素”能够防癌抗癌、滋养肌肤、延年益寿，因此其深受食家欢迎，成为筵席佳品，更有“无翅不成席”之说。

鱼翅的品种较多，有天九翅、海虎翅、金钩翅、牙栋翅、黄胶翅、青片翅、五羊翅、骨翼翅、春片翅、高茶翅、白脊翅、蝴蝶翅等品种。鱼翅的优劣主要以其种类和部位来划分。以种类划分，天九翅为上等，海虎翅、金钩翅、高茶翅、骨翼翅、春片翅为中等，黄胶翅、五羊翅、青片翅、蝴蝶翅、白脊翅、牙栋翅为一般等级。以部位来划分，背脊翅最好，尾翅次之，胸翅最次。除了用以上两种鉴别方法外，鱼翅的优劣还要看其出产地以及色泽深浅、片张的大小、鲨鱼种类。最好的鱼翅是取“泥头鲨”的鳍，其次是“齐口鲨”、“黑沙”、“白鲨”、“珍珠鲨”、“青鲨”等鲨鱼的鳍。

（2）鱼翅的鉴别

①以干爽为好，鱼翅没涨发前如含水分多，涨发率会低，成本会加大，易发霉变质。

②以“金山头”（已剪去翅头肉的翅）为好，鱼翅的翅头无食用价值，重量大而浪费，挑选鱼翅时应选已剪去翅头肉的；未剪清翅头肉的鱼翅称为“平头”，出料率低，不划算。

③以长阔、厚身为好，这样的鱼翅其翅针粗而长，鱼翅的长度，行业上以英寸为单位，同一品种的鱼翅，越长越好，当然价钱会相对高些。

④以翅针粗壮、软、绵、滑的为好。

（3）鱼翅涨发方法：洗净—浸泡—焗—打沙—漂水—煲—漂洗—去杂。

①用清水将鱼翅上的杂质冲洗干净，剪去翅边，放入流动清水中浸泡 24 小时左右，使鱼翅吸足水分，捞起。

②将鱼翅放在大桶内，倒入沸水加盖焗至水冷，倒掉水后换入沸水，反复数次焗至鱼翅能退沙。

③取出鱼翅后打沙，将沙退净后再漂水 2 小时，用竹笪夹好鱼翅放入煲内，上火烧沸后，转用文火煲 5 ~ 6 小时，至鱼翅骨离肉软，捞起用清水冲冷。

④抽去竹筷和竹笪，再用清水漂洗鱼翅的腥味。在漂洗时，把鱼翅中的脆骨轻轻拨净，反复用清水洗去煲碎了的脆骨。若鱼翅上的肉筋和残渣未洗净，则还需用竹签轻轻将其挑干净。这样，鱼翅才算发好。

注意：如果鱼翅是用作排翅、鲍翅菜式，切勿把鱼翅挑散，应保持鱼翅整齐。

8. 燕窝的涨发加工

我国食用燕窝的历史久远，唐代已把燕窝选作宫廷美味。燕窝具有平补滋养的功效，常被医家用来作为滋补药。清代开始将燕窝称为高档筵席头菜，作为筵席规格、档次的标志，列为“八珍之首”。

（1）燕窝的种类

①血燕盏。产于泰国，是金丝燕临产期近急于筑的窝，此时筑的窝不但唾液多，而且带有血丝，故有“血燕”之称，是燕窝中品质最好的一种。

②官燕盏。产于泰国、新加坡，是金丝燕第一次结的巢。厚而洁白，唾液质素较优，形状特佳，呈盏形，是燕窝中的极品。

③毛燕窝。金丝燕第二次所筑的巢，其窝含杂质和羽毛比较多，因此称为毛燕窝。多产于印尼、泰国、新加坡。

④碎燕。多产于东南亚等地，是采择过程中一些不完整的燕窝碎，杂质多，质量较完整的燕窝差，价钱相对便宜。

（2）燕窝的鉴别

燕窝的价钱较高，有不少伪劣、掺假的产品混于市场，常见的假冒材料有鱼胶、猪皮、银耳、鱼翅等。

鉴别燕窝真假要一看、二闻、三拉。

看：燕窝应该为丝状结构，由片、块结构组成的不是真燕窝。

闻：气味特殊，有鱼腥味或油腻味道的为假货。

拉：取一小块燕窝以水浸泡，松软后取丝拉扯，弹性差，一拉就断为假货。用手指揉搓，没有弹力，能搓成糊状的也是假货。

真正优质的燕窝色泽光亮，官燕盏呈牙白色，毛燕窝颜色偏灰暗，血燕盏呈红褐色，质好的燕窝越干爽越好，盏身完整厚实好；无缺损、脆而轻、成波状、杂质少，彼此相碰有声的燕窝为上品。

（3）燕窝的涨发方法

先用冷水洗干净燕窝，冬天用70℃～80℃热水，夏天用温热水，水量为燕窝的8倍以上，加盖焗2～3个小时，待其体内吸收足够水分，燕窝涨透发软为止。

还有一种使用碱水催发燕窝的方法，优点是起率高、时间快，缺点是会有少许碱味残留。方法：在焗燕窝时在热水中加入适量碱，一般每500克水加1克碱，燕窝涨透发软后，用水漂清燕窝碱味，去除细毛杂质。

燕窝的涨发起料率是每500克涨发3000克左右。

小知识

1. 燕窝泡发前，需先用清水洗净灰尘，放入白色搪瓷或陶瓷器皿内。燕窝、器皿和水都是白色，易于看清细毛，便于去除杂质，不能使用铁盘，以免有异味。

2. 必须用干净的清水进行涨发，不能沾有油污，否则会严重影响涨发后的质量。

3. 涨发燕窝要使燕窝涨透发软为止，涨发不够，无法择净细毛，若涨发过软，细毛也易混进体内，无法去净。

4. 涨发好的燕窝需要用清水反复冲漂，去掉细毛和杂质，燕窝用清水冲洗时，不可揉搓，否则易碎。

5. 发好的燕窝放入盛器皿内，不加水，用保鲜纸封口放入保鲜柜内备用，燕窝一般当天发制当天用为好。

9. 鱼肚的涨发加工

鱼肚也称花胶，主要由大黄鱼、小黄鱼、鳘鱼、回鱼、鳇鱼、鲟鱼、毛尝鱼、黄唇鱼等的鳔干制而成，富含胶质，故名花胶。花胶与燕窝、鱼翅齐名，是“八珍”之一，花胶素有“海洋人参”之誉。它的主要成分为高级胶原蛋白，含有多种维生素及钙、锌、铁、锡等多种微量元素，其蛋白质含量达84.2%，脂肪仅为0.2%，是理想的高蛋白、低脂肪食品。

花胶、鱼肚从字面看来似乎是两种不同的东西，其实花胶与鱼肚根本是由同一原料制成的同一品类。采用不同海域或不同鱼类的鱼膘制成的成品质量迥然相异。

（1）鱼肚的种类

①黄唇肚。产地印度、巴基斯坦，由巨型黄唇鱼的鱼膘加工干制而成。色泽鲜艳有光泽，呈金黄色，具有鼓状波纹，是鱼肚中的佼佼者，稀少名贵。

②鳘肚。产地印度、巴基斯坦、南美洲，以美国金山大鳘鱼的鱼膘加工干制的鳘鱼肚品质最优，又名金山肚。质地结实、厚身、干淡、呈金黄色半透明状。

③鳝肚。各地海域均有出产，由大海鳗的鱼膘加工干制而成。呈圆筒状，两头尖，以洁净、淡黄色、有光泽、身厚、无污物者为上品。

④札肚（札胶）。原产南美洲，原称“长肚”，身形长而窄，行业上称“札肚”或札胶。

⑤广肚。取自广东、广西、福建、海南之大鱼鱼膘，主要由毛尝鱼、鳘鱼的鱼膘加工干制而成。

⑥花肚。行业上又称杂肚，选自世界各地比较小的鱼的鱼膘加工干制而成，身较薄、细小，多用于汤羹，价钱便宜。一般花肚都采用油发。

（2）鱼肚的鉴别

鱼肚一般以片大纹直、肉身厚实、色泽明亮通透、体形完整、无异味、相碰声音清脆响亮，无污物者为上品；体小肉薄、色泽灰暗、体形不完整的为次品；色泽发黑，有异味，说明已变质不宜食用。

（3）鱼肚的涨发方法

鱼肚在烹调前必须涨发，涨发鱼肚有油发和水发两种方法。油发起率较高，但口感粗糙，不够柔滑；水发起率略低，但口感柔滑。质厚体大的鱼肚两种方法涨发皆可，质薄的鱼肚不宜采用水发，由于鱼肚肉薄，水发易使鱼肚“泻身”。水发的鱼肚比较柔滑，用于扒、扣、羹等菜品。油发的鱼肚口感爽韧、弹牙，用于汤羹、焖等菜品。

①油发鱼肚方法。

a. 锅中下油烧至三成热，放入鱼肚略炸捞起，细片重叠的要撕开分离，再将鱼肚放入油锅内，用笊篱压着，慢火浸炸。厚身的鱼肚在起发前洒上少量水，辅助起发。见鱼肚起泡，不断翻转鱼肚使其全身充分起发。浸炸至鱼肚轻身并一拍就断，断面处呈“海绵状”即可。

b. 高温起锅，捞起鱼肚，放入盆内，先用笊篱压住，再倒入开水，使其浸发回软。

c. 待鱼肚吸足水分，充分涨发后，放入清水，去除鱼肚内油渍，再加少量碱水洗去油腻，用清水漂洗干净鱼肚。

d. 最后加入小许白醋（每500克水加5克白醋），用手轻搓至鱼肚呈白色，不含油脂，最后用水浸泡待用。

②水发鱼肚的方法。

a. 鱼肚先用清水浸泡一天，然后将鱼肚放入煲内，加入清水，将水烧沸，加盖，停火，将鱼肚焗至水冷，换水；重新注入清水烧沸，再焗至水冷，如是者多次，每次换水时都要留意鱼肚的涨发程度，到鱼肚软身，用刀切鱼肚不粘刀才算发好。

b. 将已焗至软身的鱼肚捞起，浸入水中“啤水”1小时，即可取出使用。

第八章　配菜知识

第一节　配菜的意义与要求

配菜是根据菜肴的质量要求，把各种加工成形的原料加以适当搭配，使其成为一份或一席适合烹调或直接食用的完整菜肴原料组合的工艺过程。配菜包括两重含义：一是菜肴设计时的配菜；二是在日常工作中的配料。配菜是烹调前的一道不可缺少的重要工序，是烹饪技术的重要环节。它是紧接着刀工之后的一道工序，与刀工有着密切的关系，因此往往将刀工和配菜称为“切配”。

配菜，又称之为“执单”，是属于砧板岗的重要工作之一，配菜是否合理，往往影响到菜肴的质量高低，特别是配菜筵席菜，更是至关重要。

一、配菜的意义

配菜（执单）它是紧接着刀工以后的一道工序，与刀工有密切的关系。配菜可分为两种类型，一种是热菜的配菜，一种是冷菜的配菜，两者的操作程序与操作要求都不相同。热菜的操作程序是刀工—配菜—烹调—上席；冷菜的操作程序：烹调—刀工—配菜—上席。配菜在烹调和刀工之后，配好的菜即上席食用，因此冷菜的配菜不论在色和形的配合方面，还是在清洁卫生方面，都比热菜的配菜要求高得多，需要更高的技术、更严格的卫生条件。

配菜还可以分为散单（一般）的配菜和筵席的配菜两种类型。这里只讲例牌（散席）菜的配菜（执单）。

在整个菜肴制作过程中，配菜也是一项非常重要的操作过程。它虽然不能使原料发生物理变化，但是可以通过各种原料之间适当的搭配，对菜肴的质量，色、香、味、形以及成本，都产生直接决定性的影响。一般来说，它的重要性可分为以下方面。

1. 菜肴的质和量

所谓菜肴的质，就是指一个菜肴的构成内容，各种原料的配合比例，主料和辅料的配合比例，精料和粗料的配合比例，等等。所谓菜肴的量，就是指一个菜肴中所有包含各种原料的总和分量，也就是一个菜的单位定额。菜肴的质和量的确定，主要依靠配菜（执单）工作。当然，烹调技术的好坏对菜肴的质量也有很大的影响。

配菜所掌握的比例和分量都是确定质量的重要前提。如果配菜的比例和分量掌握得不恰当，那么，烹调技术再高明也不能改变这个菜的构成内容。所以，配菜是确定菜肴质量的一项重要操作程序。

如下图所示，同是炒牛仔骨，后者显然不如前者。

2. 菜肴的色、香、味、形的基本确定

一种原料的形态，当然依靠刀工来确定，但一个菜肴的整体形态，则依靠配菜来确定。配菜时，要将各种相同形状的原料适当配合在一起，使其成为一种完整的、协调的形态。色、香、味的因素，虽然要在加热和调味后才能显示出来，不能在配料中直接体现，但各种原料的本身都各自具有色、香、味的特性，几种不同原料配合在一起，也使它们之间的色、香、味相互融和、相互补充。配合很好才能相互补充，反之则相互排斥、相互掩盖，有损于整个菜肴的色、香、味。所以，配菜是整个菜肴色、香、味、形基本确定的一项重要操作程序。

如下图所示，同为骨香肉，相同的菜式，两者在色、香、味、形方面的差距非常明显。

3. 确定菜肴的营养成分

不同的原料，所含的营养成分是各自不同的。在一种原料中，不是这种营养素的含量多一些，就是那种营养素的含量少一些，可是，人体对营养素的需要都是多方面，某些营养素过多了，或某一种营养素过大了，对人体的不利。所以，在一个菜中，营养素的配合应尽可能力求全面，而这种配合，当然也是靠配菜来确定的。例如，肉类中含有较多的蛋白质和脂肪，如果把两者相互配搭，就能够相互补充，使营养素更加全面。至于在筵席菜中，菜与菜之间，营养素的调剂也靠配菜（执单）来决定，所以配菜（执单）是确定菜肴营养成分的一项重要操作程序。

如下图所示，同样的菜式（杂菌斋），后者营养搭配明显不如前者。

4. 确定菜肴的成本

配菜时配料的精粗、用量的多少，直接影响企业的成本。如果配菜时分量不正确，确定粗料和精料的配合比例不适当，那么，不是影响菜肴的质量，使消费者吃亏，就是提高了菜肴的成本，使企业受损。所以，配菜是掌握成本核算的一道极其重要的关口。

下图是两碟茶树菇炒牛柳，后者用料多，成本高，菜品的卖相却不如前者。

5. 配菜是形成菜肴多样化的重要环节

通过刀工的变化、烹调方法的不同运用，当然可以使菜肴多样化，但不同原料的相互配合，就可以形成形式不同的菜肴，通过各种原料的合理搭配，就可以创造更多新的品种，所以配菜也是形成菜肴多样化的一道重要环节。

如下图所示，两者主料都是牛柳，配料不同，便成了两种风味不同的菜品。

第二节 配菜人员应具备的知识

配菜在整个菜肴烹制过程中所占的地位既然非常重要，而它的涉及面又很广，因此就必须既熟悉有关业务，又通晓有关知识，才能把这一工作做好。一般说来，一个称职的配菜厨师至少必须满足以下一些要求。

1. 必须熟悉原料的性能

不同的菜肴是由各种不同的原料配合而成的，所以配菜工作首先必须熟悉了解原料方面的情况，熟悉原料的性能。

不同的原料有不同的性能，有的是韧性，有的是脆性，有的是软性，等等。各种不同的性能在烹调过程中所发生的变化也有不同，在配菜时必须使它们相互之间配合得很恰当，完全适用于所用的烹调方法，而且即使是同一种原料，有些也会因季节的变化而改变它的质量。所谓肥美鲜嫩时期，例如，在选择笋类这种原料时，春季应选用笔笋，夏季选用鲜笋，秋季选用茭笋，冬季选用冬笋，过了这一季节，则质老味差了；还有些体积较大的原料，如猪、羊、鸡、鸭等，身体上各个部位的肌肉性质也不同，嫩的、结缔组织少的适用于泡，较老的、结缔组织多的适用于煲、炖、炆，不能混用。因此，配菜（执单）人员必须熟悉原料性能、时令变化以及分档取料使用等知识，才能把工作做好。

2. 必须了解市场供应情况

市场上有关原料的供应，不是一成不变的，而是随着生产情况、季节变化、供求关系等因素，有时这一品种多了，有时那一品种少了，配菜人员对此情况必须有所了解，才能配合市场供应的情况，多用市场上供应多的品种，适当少用市场上供应紧张的品种，并利用代用品制造出新的菜肴品种来。

如菜心，其最佳食用时间是秋、冬两季，夏季市场很少供应。

3. 必须了解企业储备货源情况

配菜人员还必须对企业中的储备货源情况做到心中有数，也就是只有了解企业的“家底”，才能据以确定供应的品种，并及时向企业管理人员提供意见，哪些原料必须进货，哪些原料不必购买，使企业中的存货既不积压，也不脱节。

4. 必须熟悉菜肴的名称及制作特点

中餐菜式品种较多，各地区有各地区的特殊地方风味菜式，各企业也有各企业特色菜，形成自己的特有风格，每一款菜肴烹制都有自己的名称和制作特点，都有一定的用料标准、刀工形态和烹调方法，配菜人员首先必须对本企业菜肴的名称和制作特点心中有数，才能一接触到菜肴的名称，就能很熟悉地进行配菜，使配出的菜肴完全符合本企业特有风格。不仅如此，除了本企业菜肴的名称和特式以外，对在同地区中其他同业的菜肴，其他地方菜的名称和特色也应有一个大概的了解，才能在配菜工作中推陈出新，创造出新的品种来。

如北京烤鸭和广东烤鸭，用料、烤制、食用方法、风味都完全不同。

5. 必须既精通刀工又了解烹调

热菜的配菜介于刀工和烹调之间，它是刀工的继续，也是烹调的前提，它的操作技术具有左右刀工和烹调这两道工序的作用。前面已经讲过，它与刀工是密切而不可分割的一个整体，如果不精通刀工，是做不好配菜工作的，不仅如此，一个配菜人员还必须懂得运用不同的火候和调味，对原料会产生怎样的变化，以及各种烹调方法的特点，特别是本企业的特色菜和烹调特点，只有在充分了解这些变化与特点的基础上才能很好地掌握配菜的关键，使配出来的菜肴能够符合标准，通过烹调以后色、香、味、形都能充分体现出来。配菜是联系刀工和烹调的纽带，配菜人员必须既精通刀工的操作技术，又了解烹调的操作关键，这样才能把工作做好。

如莴笋，片适合炒，丝适合拌。

6. 必须掌握一定定质、量的标准及净料成本

配菜人员必须掌握每一款菜肴所用的净料的质和量以及它的成本。有些菜只用单一的料，有些菜中包含主料和配料，还有些菜中包含着不分主次的多种原料，配菜人员必须将各种原料之间的相互比例适当搭配，以确定它的质；每个菜的用量，也都有一定的标准。定量的办法，习惯上是根据盛器的大小来衡量的，但也有按照售价来衡量一个菜的用量的，但每个菜各种原料的用料分量，一定要很正确地予以确定。不仅如此，除了掌握定质、定量之外，配菜人员还必须熟悉和掌握各种原料的起货成率，了解每种原料净料的成本，配菜时切实按照本企业所规定的规格配菜，使成本与毛利都很正确，企业与消费者都不吃亏。

7. 必须注意主、配料的分别放置

一个菜肴，往往有多种的主、配料，当然这也不是绝对的，但在多种主、配料配菜时，应将各种原料分别放置在码碗（或碟）内，不能全部混合一起。下锅时无法分，会发生生熟不匀的现象，严重影响菜肴质量，所以要将先后下锅的原料分别放置。

8. 必须具有审美观点，使菜肴在色和形方面都达到美的境地

配菜人员应具有一定的美学知识，懂得构图的理论，在配菜时注意原料之间色彩与形态的协调，特别是一些花色菜，必须严格注意它的构图，使其美观大方、雅致优美，切忌图形紊乱或滥事渲染、庸俗不堪。

如下图所示，好的构思能为菜品增香添色。

9. 必须能够推陈出新，创造新品种

作为一个配菜的厨师，除了能够把一些公认的、已经定型的菜肴能够按照标准正确地配制外，还应当不拘陈迹，根据原料、刀工和烹调方法的特点，随着市场上货源的变化，灵活运用，创造出更多的品种，设计出营养成分更全面，色、香、味、形更美好的菜肴来，以满足人们的需要。

10. 必须注意原料营养成分的配合

我国菜肴中原料的配合，多是符合营养原则的，但无可否认，某些菜肴，在配菜时对养料的相互配合与相互补充的注意是不够的。作为新一代的厨师，必须克服这个缺陷，掌握各种原料中具有哪些营养成分的知识，在配菜时注意这些营养成分的相互配合，使吃的人得到更全面的营养，进一步提高广大人民的健康水平。